精品蔬菜生产技术丛书

白菜类精品蔬菜

（第二版）

侯喜林　王　枫　史公军　编著

江苏凤凰科学技术出版社 · 南京

图书在版编目（CIP）数据

白菜类精品蔬菜 / 侯喜林等编著. — 2版. — 南京：江苏凤凰科学技术出版社，2023.3

（精品蔬菜生产技术丛书）

ISBN 978-7-5713-1802-4

Ⅰ. ①白… Ⅱ. ①侯… Ⅲ. ①白菜类蔬菜 – 蔬菜园艺 Ⅳ. ①S634

中国版本图书馆CIP数据核字(2022)第139261号

精品蔬菜生产技术丛书

白菜类精品蔬菜

编　　著　侯喜林　王　枫　史公军
责任编辑　沈燕燕　张小平
责任校对　仲　敏
责任监制　刘文洋

出版发行　江苏凤凰科学技术出版社
出版社地址　南京市湖南路1号A楼，邮编：210009
出版社网址　http://www.pspress.cn
照　　排　江苏凤凰制版有限公司
印　　刷　南京新世纪联盟印务有限公司

开　　本　880 mm × 1 240 mm　1/32
印　　张　6
字　　数　180 000
版　　次　2023年3月第2版
印　　次　2023年3月第1次印刷

标准书号　ISBN 978-7-5713-1802-4
定　　价　36.00元

致读者

社会主义的根本任务是发展生产力，而社会生产力的发展必须依靠科学技术。当今世界已进入新科技革命的时代，科学技术的进步已成为经济发展，社会进步和国家富强的决定因素，也是实现我国社会主义现代化的关键。

科技出版工作肩负着促进科技进步，推动科学技术转化为生产力的历史使命。为了更好地贯彻党中央提出的“把经济建设转到依靠科技进步和提高劳动者素质的轨道上来”的战略决策，进一步落实中共江苏省委，江苏省人民政府作出的“科教兴省”的决定，江苏凤凰科学技术出版社有限公司(原江苏科学技术出版社)于1988年倡议筹建江苏省科技著作出版基金。在江苏省人民政府、江苏省委宣传部、江苏省科学技术厅(原江苏省科学技术委员会)、江苏省新闻出版局负责同志和有关单位的大力支持下，经江苏省人民政府批准，由江苏省科学技术厅(原江苏省科学技术委员会)、凤凰出版传媒集团(原江苏省出版总社)和江苏凤凰科学技术出版社有限公司(原江苏科学技术出版社)共同筹集,于1990年正式建立了“江苏省金陵科技著作出版基金”，用于资助自然科学范围内符合条件的优秀科技著作的出版。

我们希望江苏省金陵科技著作出版基金的持续运作,能为优秀科技著作在江苏省及时出版创造条件，并通过出版工作这一平台，落实“科教兴省”战略，充分发挥科学技术作为第一生产力的作用，为全面建成更高水平的小康社会、为江苏的“两个率先”宏伟目标早日实现，促进科技出版事业的发展，促进经济社会的进步与繁荣做出贡献。建立出版基金是社会主义出版工作在改革发展中新的发展机制和新的模式，期待得到各方面的热情扶持，更希望通过多种途径不断扩大。我们也将在实践中不断总结经验，使基金工作逐步完善，让更多优秀科技著作的出版能得到基金的支持和帮助。这批获得江苏省金陵科技著作出版基金资助的科技著作，还得到了参加项目评审工作的专家、学者的大力支持。对他们的辛勤工作，在此一并表示衷心感谢！

江苏省金陵科技著作出版基金管理委员会

“精品蔬菜生产技术丛书”编委会

第一版

第二版

序（第一版）

蔬菜是人们日常生活中不可缺少的副食品。随着人民生活质量的不断提高及健康意识的增强，人们对“无公害蔬菜”“绿色蔬菜”“有机蔬菜”需求迫切，极大地促进了我国蔬菜产业的迅速发展。2002年全国蔬菜播种面积达1 970万公顷，总产量60 331万吨，人均年占有量480千克，是世界人均年占有量的3倍多；蔬菜总产值在种植业中仅次于粮食，位居第二，年出口创汇26.3亿美元。蔬菜已经成为农民致富、农业增收、农产品创汇中的支柱产业。

今后发展蔬菜生产的根本出路在于发展外贸型蔬菜，参与国际竞争。因此，蔬菜生产必须增加花色品种，提高蔬菜品质，重视蔬菜生产中的安全卫生标准，发展蔬菜贮藏、加工、包装、运输。以企业为龙头，发展精品蔬菜，以适应外贸出口及国内市场竞争的需要。

为了适应农业产业结构的调整，发展精品蔬菜，并提高蔬菜质量，南京农业大学和江苏科学技术出版社共同组织园艺学院、江苏省农业科学院、南京市农林局、南京市蔬菜科学研究所、金陵科技学院、苏州农业职业技术学院、苏州市蔬菜研究所、常州市蔬菜研究所、连云港市蔬菜研究所等单位的专家、教授编写了“精品蔬菜生产技术丛书”。丛书共11册，收录了100多种品质优良、营养丰富、附加值高的名特优新蔬菜品种，介绍了优质、高产、高效、安全生产关键技术。本丛书深入浅出，通俗易懂，指导性、实用性强，既可以作为农村科技人员的培训教材，也是一套有价值的教学参考书，更是广大基层蔬菜技术推广人员和菜农的生产实践指南。

侯喜林

2004年8月

序（第二版）

蔬菜是人们膳食结构中极为重要的组成部分，中国人尤其喜食新鲜蔬菜。从营养学的角度看，蔬菜的营养功能主要是供给人体所必需的多种维生素、膳食纤维、矿物质、酶以及一部分热能和蛋白质；还能帮助消化、改善血液循环等。它还有一项重要的功能是调节人体酸碱平衡、增强机体免疫力，这一功能是其他食物难以替代的。健康人的体液应该呈弱碱性，pH值为7.35~7.45。蔬菜，尤其是绿叶蔬菜都属于碱性食物，可以中和人体内大量的酸性食物，如肉类、淀粉类食物。建议成人每天食用优质蔬菜300克以上。

我国既是蔬菜生产大国，又是蔬菜消费大国，蔬菜的种植面积和产量均呈上升态势。2021年，我国蔬菜种植面积约3.28亿亩，产量约为7.67亿吨。随着人们对健康生活的重视，对于绿色、有机蔬菜的需求日益增加，蔬菜在保障市场供应、促进农业结构的调整、优化居民的饮食结构、增加农民收入、提高人民生活水平等方面发挥了重要作用。

蔬菜生产是保障市场稳定供应的基础。具有规模蔬菜种植基地的家庭农场（含个体生产经营者）、农民专业合作社、生产经营企业等，是蔬菜生产的基本单元，也是蔬菜产业的基础和源头。因此，蔬菜生产必须增加花色品种，提高蔬菜品质，注重生产过程中的安全卫生标准，同时加强蔬菜储存、加工、包装和运输。在优势产区和大中城市郊区，重点加强菜地基础设施建设，着重于品种选育、集约化育苗、田头预冷等关键环节，加大科技创新和推广力度，健全生产信息监测体系，壮大农民专业合作组织，促进蔬菜生产发展，提高综合生产能力。

“精品蔬菜生产技术丛书”自2004年12月出版以来，深受市场欢迎，历经多次重印，且被教育部评为高等学校科学研究优秀成果奖科学技术进步奖(科普类)二等奖。为了适应农业产业结构的调整，发展精品蔬菜，并提高蔬菜产品质量，满足广大读者需求，南京农业大学和江苏凤凰科学技术出版社共同组织江苏省农业科学院、南京市蔬菜科学研究所、苏州农业职业技术学院等单位的专家对“精品蔬菜生产技术丛书”进行再版。丛书第二版共11册，收录了100多种品质优良、营养丰富、附加值高的名特优新蔬菜品种，介绍了优质、高产、高效、安全生产关键技术。本丛书语言简明通俗，兼具实用性和指导性，既可以作为农村科技人员的培训教材，也是一套有价值的教学参考书，更是广大基层蔬菜技术推广人员和菜农的生产实践指南。

农业农村部华东地区园艺作物生物学与种质创制重点实验室主任
园艺作物种质创新与利用教育部工程研究中心主任
南京农业大学“钟山学者计划”特聘教授、博士生导师
蔬菜学国家重点学科带头人

侯喜林

2022年10月

前言

白菜类蔬菜在我国分布广阔，栽培面积最大，消费量也最多。白菜类蔬菜之所以在蔬菜生产中占如此重要的地位，是因为：第一，生育期较短，生长迅速，产量高，成本低，便于种植；第二，品质柔嫩，风味鲜美；第三，种类繁多，耐贮运，在调节市场供应、繁荣蔬菜市场等方面发挥了重大作用。

白菜类蔬菜在植物学分类上都属于十字花科（Cruciferae）芸薹属（*Brassica*）的植物。白菜类蔬菜起源于亚洲内陆温带地区，喜温和的气候，最适宜的栽培气温是日均温15～18 ℃。它们都是低温通过春化阶段，长日照通过光照阶段的植物，但各种植物通过阶段发育的要求和时期不同，白菜类作物在15 ℃以下的低温及较少的日数条件下就可通过春化阶段，并在12小时以上的日照下通过光照阶段，而以花薹为产品的菜心、紫菜薹对阶段发育要求不严格，播种当年即可发生花薹。白菜类蔬菜原产地在温和季节里雨水多，空气湿润，土壤水分充足，因此它们都有很大的叶面积，蒸腾量很大，但因根系浅，利用土壤深层水分的能力不强，因此栽培时要求合理灌溉，保持较高的土壤湿度。白菜类蔬菜都是吸收矿质养分很多的作物，栽培时需要肥沃而且保肥力强的土壤，并要施用较多的基肥和追肥。它们叶丛很大，特别需要较多的氮肥促进叶的生长，而生长根茎和叶球的白菜类蔬菜需要较多的钾肥，生长花薹的白菜类蔬菜还需要较多的磷肥，合理配合三要素的供给是很重要的。白菜类蔬菜都以种子繁殖，种子圆形、细小，发芽能力很强。白菜类蔬菜有共同的病虫害，危害最重的病害是病毒病、霜霉病、软腐病、白斑病、黑斑病、根肿病等，虫害有菜蚜、菜青虫、菜螟、小菜蛾、猿叶虫、黄曲条跳甲等。

本书主要概述了不结球白菜、结球白菜，介绍了黄玫瑰白菜、黑塌菜、香青菜、彩色大白菜、菜心、紫菜薹、乌塌菜等几种蔬菜的生产技术。全书图文并茂，通俗易懂，实用性强，期望对白菜类精品蔬菜生产提供指导和帮助，为农业科研提供参考和借鉴。

侯喜林

2022年10月

目 录

一、不结球白菜

（一）概述

不结球白菜又名小白菜、青菜、油菜等，是十字花科芸薹属芸薹种的一个亚种，包含六个变种（普通白菜、乌塌菜、菜薹、菜心、薹菜、分蘖白菜）以绿叶为产品的一二年生草本植物。不结球白菜原产我国，在我国有悠久的栽培历史。

不结球白菜在我国的栽培十分普遍，西北、东北高纬度地区都有栽培，长江以南为主要产区。在长江中下游各大中城市中不结球白菜的上市量占蔬菜上市总量的30% ~ 40%，江南地区不结球白菜种植面积占秋、冬、春菜播种总面积的40% ~ 60%。20世纪70—80年代，不结球白菜在我国北方的栽培面积也迅速扩大，成为北方保护地春早熟栽培、越冬栽培的主要蔬菜之一，近年来也成为出口创汇的重要蔬菜。

不结球白菜营养价值很高，每100克鲜食部分含蛋白质1.6克、脂肪0.2克、碳水化合物2克、粗纤维0.7克、钙141毫克、磷29毫克、铁3.9毫克，胡萝卜素1毫克、硫胺酸0.02毫克、核黄素0.05毫克、烟酸0.5毫克、维生素C 70毫克。其产品营养丰富，风味鲜美，可清炒、煮汤，可与其他食品混炒，还可盐渍，其色泽嫩绿，是餐桌上菜肴配色不可缺少的蔬菜。

（二）生物学特性

1. 形态特征

（1）根 根系属于直根系，浅根性，须根较发达。根系再生能力较强，适于育苗移栽。根系主要分布在表土层 10~13 厘米处。

（2）茎 营养生长期为短缩茎，但遇高温和过度密植也会伸长。花芽分化后，遇温暖气候茎节伸长而抽薹，品质下降。

（3）叶 分莲座叶和花茎叶两种。莲座叶着生在短缩茎上，柔嫩多汁，为主要供食部分。叶的形态特征依类型、品种和环境条件而有很大变异。叶色浅绿至墨绿，叶片多数光滑，亦有皱缩，少数具茸毛。叶形有匙形、圆形、卵圆形、倒卵圆形等。叶缘全缘或有锯齿，波状皱缩，有的基部有缺刻或叶耳，呈花叶状。叶柄明显肥厚，一般无叶翼，柄色有白、绿白、浅绿或绿等颜色，断面呈扁平、半圆或扁圆形。花茎下部的茎生叶倒卵圆形至椭圆形，叶基部呈耳状抱茎或半抱茎。

（4）花 复总状花序，完全花，花冠黄色，花瓣 4 片，呈“十”字形排列，异花授粉，虫媒花。

（5）果实和种子 果实为长角果，角长而细瘦，内有种子 10 ~ 20 粒，成熟的角果易裂开。种子近圆形，红褐色或黄褐色，千粒重为 1.5 ~ 2.2 克。

2. 生育周期

不结球白菜的生育周期分为营养生长期和生殖生长期。营养生长期包括：① 发芽期。从种子萌发到子叶展开，真叶显露。② 幼苗期。从真叶显露到形成 1 个叶序。③ 莲座期。植株再长出 1 ~ 2 个叶序，是个体产量形成的主要时期。

生殖生长期包括：① 抽薹孕蕾期。抽生花茎，发出花枝，主花茎和侧花枝上长出茎生叶，顶端形成花蕾。② 开花结果期。花蕾长大，陆续开花、结实。

3. 对环境条件的要求

（1）温度　不结球白菜较耐寒，适于冷凉的气候。发芽期适宜的温度为 20 ~ 25 ℃，生长期适温为 15 ~ 20 ℃，–3 ~ –2 ℃能安全越冬，25 ℃以上的高温生长衰弱，易感病毒病。只有少数品种较耐热，可在夏季栽培。适于春、秋栽培的品种较耐寒，栽培期的适宜月均温为 10 ~ 25 ℃，春季低于 0 ~ 5 ℃时，须稍加保护。不结球白菜萌动的种子及绿体植株均可在低温条件下通过春化阶段。通过春化阶段的最适温度为 2 ~ 10 ℃，经 15 ~ 30 天即完成春化阶段。

（2）光照　不结球白菜以绿叶为产品，产品形成要求较强的光照。在较强光照下，叶色浓绿，株形紧凑，产量高且品质好。不结球白菜虽耐一定的弱光，但长时间光照不足，会引起徒长，降低产量和品质。不结球白菜属长日照作物，通过春化阶段后，在 12 ~ 14 小时的长日照条件和较高的温度（18 ~ 30 ℃）下迅速抽薹、开花。

（3）水分　不结球白菜根系分布较浅，吸收能力较弱，而叶片柔嫩，蒸腾作用较强，耗水量大，所以需要较高的土壤湿度和空气湿度。在干旱的条件下，其叶片小，品质差，产量低。在不同的生长期，不结球白菜对水分的要求不同。发芽期要求土壤湿润，以促进发芽和幼苗出土，但需水量不大。幼苗期叶面积较小，蒸腾耗水少，但根系很弱，吸收能力也弱，需要土壤见干见湿，供给适当的水分。莲座期是产品形成期，叶片多而大，蒸腾作用旺盛，需水量最大，应供给充足的水分，并保证土壤处在湿润状态。在夏季高温季节栽培时，应保持地面湿润，勤浇水，以降低地温，减少高温灼根和病毒病的发生。

（4）土壤和矿质营养　不结球白菜喜疏松、肥沃、保水、保肥的壤土或沙壤土。生长期需氮肥较多，需磷肥较少。氮肥充足，则植株旺盛，产量提高，品质改善。

（三）不结球白菜生产的环境条件

1. 水源

水源质量是影响蔬菜生产的重要因素，水源一旦被污染，即使严格控制生产和运销过程的污染，也无济于事。所以，在生产中要求基地内灌溉用水质量稳定，如用江、河、湖水作为灌溉水源，则要求在基地上方水源的各个支流沿线无工业污染源。若用雨水灌溉，则要求雨水中泥沙少，酸碱度（以 pH 值表示）适中，清澈。

2. 土壤

一般而言，要求土质肥沃，有机质含量高，pH 值适中，土壤中元素背景值在正常范围以内，土壤耕层内无重金属、农药、化肥、石油类残留物、有害生物等污染。

3. 农田大气

一般应远离城镇及污染区，大气质量较好且相对稳定；生产基地的盛行风向上方，无大量工业废气污染源；基地区域内气流相对稳定，即使在风季，风速也不会太大；要求基地内空气尘埃较少，空气清新洁净；基地内所使用的塑料制品无毒、无害，不污染大气。

总体来说，蔬菜基地应选建在基地周边2千米以内无污染源、基地距主干公路100米以上、交通方便、地势平坦、土壤肥沃、排灌条件良好的蔬菜主产区、高产区或独特的生态区。基地的土壤、灌溉水和大气等环境均未受到工业“三废”及城市污水、废弃物、垃圾、污泥、农药、化肥的污染或威胁。

（四）类型与品种

1. 类型

根据形态特征、生物学特性及栽培特点，不结球白菜可分为秋冬不结球白菜、春不结球白菜和夏不结球白菜。

（1）秋冬不结球白菜　我国南方广泛栽培，品种多。株形直立或束腰，以秋冬栽培为主，依叶柄色泽不同分为白梗类型和青梗类型。白梗类型的代表品种有南农矮脚黄、寒笑，常州长白梗，广东矮脚乌叶，合肥小叶菜等。青梗类型的代表品种有暑绿、矮抗6号、矮抗3号、京绿7号等。

（2）春不结球白菜　植株多开展，少数直立或微束腰。冬性强，耐寒，丰产。按抽薹早晚和供应期又分为早春菜和晚春菜。早春菜的代表品种有白梗的南京亮白、无锡三月白等，青梗的有杭州晚油冬、上海三月慢等。晚春菜的代表品种有白梗的南京四月白、杭州蚕白菜等，青梗的有上海四月慢、五月慢等。

（3）夏不结球白菜　夏秋高温季节栽培，又称火白菜、伏菜，代表品种有上海火白菜，广州马耳菜，南京矮抗5号、矮抗6号、暑绿等。

2. 新优品种

（1）黄玫瑰 系南京农业大学“十三五”期间承担的七大农作物育种重点专项 2017YFD0101803 课题所育成的“重大品种”。

株形半直立，不束腰，整株形似玫瑰（图 1–1，图 1–2）；株高约 18 厘米，开展度约 26 厘米。叶片黄绿色，阔椭圆形，叶面泡状程度强，叶片数 23 枚；叶柄白色，扁平。商品性及观赏性好，维生素 C 含量高。抗霜霉病、黑斑病和芜菁花叶病毒（TuMV）。单株重 0.6 ~ 0.7 千克，一般产量 4 000 千克 / 亩，比对照品种黄心乌增产 8.2%。其突出特点是耐寒，在 –6 ~ 2 ℃范围内，温度越低，叶片越黄，类黄酮含量就越高，观赏性也就越好。

图 1–1　黄玫瑰单株

图 1–2　黄玫瑰田间生长状

（2）寒笑 系南京农业大学育成的杂种一代新品种。株形直立，束腰；株高约 22 厘米，开展度约 30 厘米。叶片深绿色，圆形；叶柄白色，扁平（图 1–3，图 1–4）。商品性好。其突出特点是耐寒，可耐 –9 ~ –8 ℃低温，并抗霜霉病和芜青花叶病毒。

图 1-3　寒笑单株

图 1-4　寒笑在冬季生长情况

（3）青篮　系南京农业大学育成的不结球白菜新品种。株形直立，束腰性好；株高约 16 厘米，开展度约 24 厘米。叶片翠绿色，平滑，椭圆形，叶片数 20 枚左右；叶柄绿色，半圆形（图 1–5，图 1–6）。抗霜霉病、黑斑病和芜菁花叶病毒。其突出特点是商品性好，外形美观。

图 1-5　青篮单株

图 1-6　青篮在生产上推广应用

（4）锦绣　系南京农业大学育成的杂种一代新品种。株形直立，束腰；株高约 26 厘米，开展度约 33 厘米。叶片黄绿色，椭圆形；叶柄浅绿色，扁圆形（图 1–7，图 1–8）；叶片重与叶柄重的比值为 0.40 ~ 0.46，生长势强。田间抗性鉴定表明，该品种高抗芜菁花叶病毒，抗霜霉病，中抗黑斑病。

图 1-7　锦绣单株

图 1-8　锦绣苗期生长情况

（5）热火 1 号　系南京农业大学育成的四倍体杂种一代新品种。株形较直立，束腰性一般；株高约 19.6 厘米，开展度约 28.1 厘米。叶片黄绿色，近圆形，平均叶片数 7.4 枚；叶柄白色；半圆形，叶片重与叶柄重的比值为 1.16（图 1-9）。整齐度好，食用品质好。抗热性较强，田间无病毒病发生，有轻微的炭疽病发生。

图 1-9　热火 1 号单株

（6）热火 2 号　系南京农业大学育成的四倍体杂种一代新品种。株形直立，束腰性一般；株高约 16.9 厘米，开展度约 20.3 厘米。叶片绿色，椭圆形，平均叶片数 10.1 枚；叶柄绿白色，扁平；叶片重与叶柄重的比值为 0.89（图 1–10）。整齐度较好，外观商品性较好，综合评价较高。食用品质好。抗热性强。

图 1–10　热火 2 号单株

（7）龙虎寒 1 号　系南京农业大学育成的四倍体杂种一代新品种。株形直立，束腰性中等；株高约 18.6 厘米，开展度约 26.7 厘米。叶片绿色，卵圆形；叶柄白色，扁平（图 1–11）。品质较好。田间未发现病毒病，霜霉病发生轻。抽薹时间迟于矮脚黄，略早于四月慢。

图 1–11　龙虎寒 1 号单株

（8）暑绿　系南京农业大学育成的一代杂种。株形直立、束腰；株高约 26 厘米，开展度约 34 厘米。叶片翠绿色，近圆形；叶柄绿白色，半圆形；叶片重与叶柄重的比值为 0.67。品质佳，株形美观（图 1–12，图 1–13）。高抗炭疽病，抗芜菁花叶病毒、霜霉病和黑斑病。耐热性强。该品种获国家技术发明奖二等奖。

图 1–12　暑绿单株

图 1–13　暑绿夏季防虫网大面积覆盖栽培

（9）南农矮脚黄　系南京农业大学育成的矮脚黄白菜四倍体。株形直立，束腰；株高 28 ~ 30 厘米，开展度约 30 厘米。叶片翠绿色，近圆形，较厚，叶形指数 1.0 ~ 1.2；叶柄白色，深阔似羹勺，长 9.0 ~ 9.5 厘米，厚 1.2 ~ 1.5 厘米。质地脆嫩，纤维少，易煮熟，味甜，品质优，该品种适于春秋播种。亩产 1 200 ~ 2 000 千克。

（10）矮抗 5 号　系南京农业大学育成的杂交一代种。株形直立，束腰；株高 26 厘米，开展度 35 厘米。叶片绿色，广卵圆形；叶柄白色，半圆形；叶片重与叶柄重的比值为 0.59；质嫩。高抗病毒病（TuMV），兼抗霜霉病、黑斑病。单株重约 0.3 千克。该品种适宜夏、秋季栽培。亩产 6 000 千克。

（11）矮抗6号　系南京农业大学育成的杂交一代种。株形直立，束腰；株高约23厘米，开展度约28厘米。叶片深绿色，广椭圆形；叶柄绿白色，扁平；叶片重与叶柄重的比值为0.65。抗病毒病（TuMV）、霜霉病、黑斑病。不仅抗热而且耐寒。单株重300～400克。该品种适宜作夏菜、秋菜和秋冬菜栽培。平均亩产5 461.9千克。

（12）矮抗3号　系南京农业大学育成的一代杂种。株形直立，束腰；株高约25厘米，开展度约29厘米。叶片深绿色，数多；叶柄绿白色，半圆形。该品种生长势强，单株重400～500克。亩产2 000～3 500千克，适于夏季栽培。

（13）上海四月慢　上海市地方品种。株高25～30厘米，开展度约25厘米，束腰。叶片全绿，卵圆形，叶面平滑，肥厚，深绿色；叶柄淡绿色，扁平，微凹，呈匙形，肥厚。该品种纤维少，品质好，耐寒，不易抽薹，早熟，适于南北方春、秋栽培。亩产2 000～3 000千克。

（14）上海五月慢　上海市地方品种。植株生长势强，生育期比四月慢长。株高约30厘米，开展度约30厘米，束腰。叶片卵圆形，叶脉细而稀，叶面平滑，深绿色，全缘；叶柄白绿色，扁平，微凹，呈匙形。单株重约750克。该品种纤维少，品质好，耐寒。冬性强，不易抽薹，适于春、秋播种栽培。亩产3 000～4 000千克。

（15）苏州青　苏州有名的地方品种。株形直立，束腰、较矮；株高约20厘米，开展度约30厘米。叶片深绿色，短椭圆形，叶面平滑有光泽，全缘；叶柄绿色，扁平。该品种较耐热，具清香，纤维少，品质佳，但抗病性差。

（16）青帮　北京市地方品种。株高约35厘米，开展度约45厘米。叶片近圆形，正面深绿色，背面绿色，叶面平滑，稍有光泽；叶柄较浅绿色，窄长而厚；叶片及叶柄表面均有蜡粉。该品种耐寒，抗病，耐藏。适于春、秋栽培，春栽亩产1 500 ~ 2 000千克，秋栽4 000 ~ 5 000千克。

（17）白帮　北京市地方品种。株高约40厘米，开展度约45厘米。叶片椭圆形，正面绿色，背面灰绿色，叶面平滑；叶柄白色，宽而薄；叶片及叶柄均有蜡粉；叶质柔嫩，纤维少，品质较好。该品种耐寒性及抗病性不及青帮。其余特点同青帮。

（18）矮抗青　系上海市农业科学院育成的品种。株形直立，束腰，拧心；叶片绿色，叶面平滑；叶柄淡绿色，扁平；叶肉肥厚。该品种抗病，适于秋季栽培。亩产3 000 ~ 3 500千克。

（19）冬常青　系上海市农业科学院培育的品种。植株矮生，直立；叶片绿色，叶面平滑；青梗，扁平；叶肉肥厚。该品种抗病，且耐寒、耐热，适于秋冬季栽培。亩产2 000 ~ 2 500千克。

（20）山农抗热青　系山东农业大学园艺系育成的一代杂种。株形直立，束腰；株高40厘米，开展度40 ~ 50厘米。叶片、叶柄绿色，叶柄半圆形。单株重400 ~ 500克。该品种抗高温，生长迅速，播后25天可收获，适于夏季栽培。亩产3 000 ~ 3 500千克。

（21）京绿2号　系北京市农林科学院蔬菜研究中心育成的一代杂种。适于夏秋季栽培，生长期45 ~ 50天。

（22）D94 小白菜　系广东省农业科学院蔬菜研究所选育的品种。株形半直立。叶色深绿，叶柄浅白色，匙羹形。耐热，抗逆性较强，适于秋冬季及夏季栽培。

（23）迟黑叶　系华南农业大学园艺系育成的品种。株形直立，较高。叶色墨绿，叶柄绿白色。冬性强，在早春低温湿冷条件下不易抽薹。抗病性强，品质较差。适于春季及秋冬季栽培。

（24）黑叶香青菜　系苏州市蔬菜研究所、苏州市蔬菜种子公司从地方品种中选育而成的品种。株形半直立，松散，株高30～35厘米。叶片倒卵形，深绿色，有光泽；叶柄绿白色，较短而扁平。单株重350～400克。耐寒性强，抗病毒能力弱，口感好。

（25）京绿7号　系北京市农林科学院蔬菜研究中心育成的一代杂种。早春耐抽薹，生长期45～50天。株形半直立，束腰；植株生长势较旺，株高21厘米，开展度39厘米。叶色绿，叶面较平；叶柄浅绿色。单株重约250克。亩产2 000千克左右。抗病，品质较好，冬性强。

（五）栽培技术

1. 秋冬栽培

（1）栽培季节　一般秋季播种，冬季收获上市。秋冬栽培在华南地区于9—12月陆续播种，分期收获至翌年2月；江淮地区于8月至10月上旬陆续播种，封冻前收获完毕。上述两个地区均为露地栽培。在华北地区利用保护地栽培时，一般在9—10月播种，在翌年1—3月随时采收。秋冬不结球白菜在北方栽培时，一般采用保温性能稍差的塑料拱棚等。

（2）品种选择 秋冬栽培的生长期正值寒冬，因此，选用品种要求抗寒、抽薹迟、品质好。常用的品种有南农矮脚黄、矮抗5号、矮抗6号、寒笑等。

（3）整地施肥 秋冬栽培中病毒病是不结球白菜生产的主要威胁，应避免连作，以减少病毒病的发生。特别是育苗用地，以选用前茬种植茄果类、瓜类、豆类、葱蒜类的田块为宜。露地栽培时，应选择避风向阳、温度条件较好的地块。前茬收后要早耕晒地，每亩施3 000千克腐熟的有机肥，做成宽1.2 ~ 1.5米的平畦。华南地区一般做高畦，通常畦面宽1.7米左右，沟深30 ~ 40厘米，畦长自定。

（4）播种育苗 秋冬不结球白菜多数进行育苗移栽。南方育苗畦均为露地；北方在育苗时间较早时，可露地育苗，育苗晚时，应在阳畦或大棚内进行，幼苗集中，便于管理，而且也能更经济地利用土地（图1–14）。不结球白菜在单位面积土地上栽植的株数很多，需要较大的面积和较多的种子。栽培1亩需准备苗床面积60 ~ 100米^2。苗床要选肥沃的土壤，做平畦或低畦。播种前施用硫酸铵等速效性肥料，均匀翻入土中。因为苗床中幼苗密集，需要养分很多，因此每100米^{2}苗床应施用硫酸铵3 ~ 4.5千克。播种前将苗床充分浇水，待床面表层土壤干燥时用耙将土面耙至十分松细平坦，然后播种。为得到更多的幼苗，一般多用撒播。播种后覆土约1厘米，或用齿耙轻轻将种子拌入深约1厘米的表土层中。若在天气干燥时播种，播后须轻轻镇压床面。每100米^{2}苗床播种225 ~ 375克。

图 1-14　工厂化盆栽不结球白菜

播种后在早秋经 2 ~ 3 天出苗，冬天及早春温度低时经 6 ~ 7 天出苗。在未出苗前须防止种子所在的土层干燥及形成土壳，必要时用薄膜等物覆盖。

出苗后当幼苗具 1 ~ 2 片真叶时间苗，苗距 2 ~ 3 厘米，3 ~ 4 叶时定苗，苗距 4 ~ 6 厘米。间苗时去杂苗、去小苗、留大苗。每次间苗后浇水 1 次，以便根土结合。土壤缺肥时，可结合浇水，每亩追施尿素 10 千克。

利用保护地进行育苗时，应注意防寒保温，保持畦内 20 ~ 25 ℃。温度过高时，应及时通风，降低温度，防止幼苗徒长。

不结球白菜适宜的定植苗龄因季节而异。早秋播种时，气温高，生长快，苗龄 20 ~ 25 天；晚秋播种时，苗龄 40 ~ 50 天。当苗高 14 ~ 16 厘米，具 4 ~ 5 片真叶时即可移栽。

（5）定植　栽培田应该选择保水保肥力强、肥沃的土壤，每亩施3 000千克腐熟的有机肥。定植前一天对育苗畦少量喷水，以便拔苗。定植起苗应小心谨慎，尽量少伤根系和叶片。挖穴栽苗深度以外叶叶柄接近地表但不能贴近地表为度。栽植太深，影响心叶生长；太浅，上部根系暴露在空气中，无法吸收营养。早秋宜浅栽，以防烂心；晚秋宜深栽，可起防寒作用。早秋栽植，气温高，生长期短，宜密植，株行距为20厘米 ×20厘米，每亩定植15 000株。晚秋栽培生长期长，宜稀植，株行距为（24 ~ 26）厘米 ×（24 ~ 26）厘米，每亩定植10 000 ~ 13 000株。定植后及时浇水。北方保护地栽培应及时覆盖塑料薄膜，夜间加盖草苫子以保持适宜的温度。

（6）田间管理　定植后应及时浇水，保持土壤湿润。南方冬季应3 ~ 4天浇一次水，北方保护地内5 ~ 7天浇一次水。早期浇水后应及时中耕，提高地温，促进发根。结合浇水追施尿素1 ~ 2次，每次每亩15 ~ 20千克。最后一次追肥应距收获期30天以上。

北方在保护地内应采取保温措施。定植后保持25 ℃左右，促进迅速缓苗。缓苗后及时通风，白天保持20 ℃左右，夜间保持10 ℃左右。温度超过15 ℃时应及时通风降温，防止植株徒长。温度较低时，白天应密闭塑料薄膜，夜间加盖草苫子保温，可防止冻害或因长期低温而导致的先期抽薹现象。

（7）采收　不结球白菜的收获期无严格标准，可根据市场需求决定是否采收。不结球白菜从具6 ~ 7叶到20叶后随时可以收获。早收获产量较低，晚收获产量较高。一般在元旦和春节前后的价格最高，所以在此时收获最宜。

2. 早春栽培

（1）栽培季节　早春栽培一般是晚秋播种，或冬季播种，春季供应上市的栽培方式。长江流域10月上旬至11月中旬播种，小苗越冬，翌春陆续收获。华南地区12月下旬至翌年3月播种，3—5月上市。南方均为露地栽培。北方多为保护地栽培。华北地区在12月上旬至翌年1月上中旬播种育苗，2月至3月上旬定植，4月中下旬采收。

（2）品种选择　早春栽培不结球白菜的幼苗期处在温度较低的冬季，很难避免不通过春化阶段。而生长后期，外界温度越来越高，日照渐长，故易发生先期抽薹现象。所以，在选用品种时，应采用冬性强、抽薹迟、抗寒的品种。常用的有上海四月慢、上海五月慢以及青帮等。

（3）播种育苗　南方地区早春栽培不结球白菜的育苗方法与越冬栽培相同。

北方不结球白菜早春栽培育苗期正值最寒冷的冬季，必须在保温性能较好的阳畦或日光温室中进行。育苗畦应在冬前修好，结合深翻，每亩施腐熟有机肥5 000千克。在播种前7 ~ 10天，扣上塑料薄膜，夜间加盖草苫子，尽量提高苗床地温。

播种应选在晴暖天气的上午，揭开薄膜，先浇底水。水渗下后将种子均匀地撒播，每亩用种1.5 ~ 2.0千克，后覆细土1厘米。播后严密封闭塑料薄膜，夜间加盖草苫子保温。

幼苗出土前，一般不通风，保持20 ~ 25 ℃的畦温，以利出苗。幼苗出土后，适当通风降温，避免徒长，温度保持在白天20 ℃左右，夜间10 ℃左右。草苫子应早揭晚盖，延长秧苗见光时间。幼苗具 1 ~ 2 片真叶时，第一次间苗，苗距 2 ~ 3 厘米；具 2 ~ 3 片真叶时，第二次间苗，苗距 4 ~ 5 厘米。移栽前 5 ~ 6 天，应通风降温，使苗床温度与定植田的环境温度尽量一致，以锻炼幼苗，准备定植。

（4）定植 当苗高 14 ~ 16 厘米，具 4 ~ 6 片真叶，苗龄 40 ~ 50 天时，即应拔大苗定植。定植前，地内应施大量腐熟有机肥料，每亩不少于 5 000 千克。深翻、细耙，整平田地，做成平畦。定植前 15 ~ 20 天，即应扣棚，夜间加盖草苫子，提高棚内地温。

定植应选晴暖天气的上午进行。起苗时，先将育苗畦喷水，以利拔苗少伤根系。栽植深度及密度与秋冬栽培相同。定植后立即浇水。

（5）田间管理 定植后应采取一切措施促其生长。前期依靠防寒保温促进生长，后期用追肥、浇水等措施促其生长。

● 温度管理：定植后 5 ~ 6 天，应采取保温措施。扣严塑料薄膜，夜间加盖草苫子，尽量提高温度，保持畦温在 25 ℃左右，促使幼苗尽快缓苗。缓苗后及时通风，维持白天 20 ℃左右，夜间 10 ℃左右。晴暖天气当棚内温度超过 25 ℃时应循序渐进，慢慢通风；当棚内温度降至 25 ℃时，应关闭通风口。

● 浇水、施肥：不结球白菜定植后 5 ~ 6 天再浇水一次，然后中耕，以提高地温促进发根。15 天后浇第三次水，并结合浇水，每亩追施尿素 15 ~ 20 千克。如土壤缺肥，则可在 10 ~ 15 天后追第二次肥。但必须注意，最后一次追肥距收获期应在 30 天以上。不结球白菜生长期的浇水次数，随着植株长大，外界气温升高，蒸发量加大，应逐渐加大，以保持土壤湿润为度。

● 防止抽薹：不结球白菜春早熟栽培中，适当而充足地供应水肥不仅可提高产量、改善品质，还有防止先期抽薹的作用。水肥充足，则营养生长旺盛，抽薹现象延缓；反之，抽薹现象会过早地发生。

（6）采收 早春不结球白菜栽培，采收越早，经济效益越高。所以，植株具 6 ~ 7 叶后可根据市场情况随时采收上市。一般是拔大株留小株。

3. 夏季栽培

（1）栽培季节 夏不结球白菜栽培是在夏季高温时期，利用菜田倒茬的空茬，随时播种，随时收获，以收获幼菜或成株为主的栽培方式。北方在 5 月上旬至 8 月上旬可随时播种，不断收获。

（2）品种选择 夏季进行不结球白菜栽培，时值高温多雨的炎夏。一般应选用耐热、抗病、速生品种，目前常用的品种有暑绿、冬常青、高脚白等。

（3）整地施肥 夏季栽培应选择通风、阴凉、距水源近、易排涝的地块。播种前 7 ~ 10 天，每亩施 5 000 千克腐熟有机肥。施肥后深耕、耙平，做成宽 1.5 米的高畦（畦长自定），畦高 10 ~ 15 厘米。有的地方可与豆角、黄瓜等高架作物实行间作，既有利于改善豆角、黄瓜的光照条件，又能为不结球白菜提供较阴凉的小气候环境。

（4）播种育苗 南方多采用直播法，北方则直播和育苗移栽并举。

夏季栽培的播种量，一般每亩1.0 ~ 1.5千克。播种可用条播或撒播法。可干籽直播，亦可用清水浸种2小时，催芽24小时后播种。条播时，可按行距20厘米，开宽8 ~ 10厘米、深1 ~ 2厘米的浅沟。于清晨或傍晚浇水后，将种子撒入沟内，覆土1.0 ~ 1.5厘米。撒播时，畦内先浇水，水渗下后，撒种覆土。如果土壤墒情好，亦可不浇水干播，即撒种后，用耙子浅耙，然后镇压。

为防止播后“雨拍”或跑墒太快，可在畦内覆盖麦草，出苗时再扒去麦草。同时应注意防治地老虎、蝼蛄等地下害虫。

（5）苗期管理 夏季栽培不结球白菜，苗期天气热，水分蒸发快，管理的重点是浇水。播种至出苗前，如天气无雨，每1 ~ 2天浇一次水。出苗后每2 ~ 3天浇一次水。浇水最好在早晨或傍晚地温较低时进行，午间浇水，易造成冷水寒根而发生萎蔫。高畦栽培还应结合沟内灌水浸润的措施。不结球白菜不抗涝，雨后田间积水，根系易窒息，加上高温，易发生腐烂，所以大雨后一定要及时排水。

出苗后应该及时间苗，防止苗过密而徒长。在幼苗具1 ~ 2片真叶时，第一次间苗，苗距2厘米，在具3 ~ 4片真叶时，第二次间苗，苗距5 ~ 6厘米。苗壮时，株距可稀些，苗弱则密些。第一次间苗后，每亩追施尿素10 ~ 15千克。

不结球白菜苗期虫害甚多，如黄曲条跳甲、菜螟、菜青虫等，应抓紧防治。

（6）间拔收获与移栽 南方夏季不结球白菜一般不进行移栽，播种后25 ~ 50天即采收幼株上市，拔大留小，陆续收获。

采收时期应适当，采收太早产量低，过迟品质差，一般在叶柄由青转白时采收。

北方可根据市场需要，将具有 5 ~ 6 片叶的植株拔苗上市。田间按 20 厘米左右的株行距留苗，使其继续生长。间拔收获后，需追一次肥，每亩施尿素 10 ~ 15 千克。

如进行移栽定植，以幼苗具 4 ~ 5 叶时移栽为宜。移苗前，育苗畦内先浇水，起苗注意少伤根系。定植畦在施足腐熟有机肥后，做成平畦。定植株行距一般为 20 厘米×20 厘米，开穴栽苗。栽植深度以与秧苗在育苗畦中的入土深度相同为度，过深埋住心叶易腐烂，过浅易被风吹倒。

（7）移栽后的管理　定植后 3 ~ 5 天内不能缺水，最好每天早上和傍晚各浇一次水，保持土壤湿润，以促进缓苗。

缓苗后先中耕一次，过 2 ~ 3 天追第一次肥，每亩施尿素 15 ~ 20 千克。以后每 4 ~ 5 天浇水一次，保持畦面见干见湿，并再中耕一次。定植 15 ~ 20 天，植株旺盛生长期，追第二次肥，每亩施尿素 20 千克。以后每 5 ~ 6 天浇一次水，保持地面湿润。植株全部覆盖畦面后，不再中耕。

不结球白菜生长期间，蚜虫、菜青虫等危害严重，应及时防治。

4. 无土栽培

（1）栽培方式　采用地面为“槽式基质栽培法”、空间为“悬挂塑料盆栽培法”相结合的立体栽培方式。在温室里的地面按南北向挖深 15 厘米、宽 65 厘米的平底土槽，槽的坡降为 1 ∶ 75，槽间距 40 厘米，槽内壁衬一层塑料膜，并装入 10 厘米厚的珍珠岩和沙子等量的混合物。温室的空间栽培采用直径为 33 厘米的塑料盆，底部打 3 ～ 4 个直径为 1 厘米的排水孔，用铁丝将盆垂直悬挂在温室的钢筋架上，按盆间距 25 厘米挂多串盆，温室北侧每串可挂 8 ～ 10 个盆，南侧每串可挂 5 ～ 8 个盆，而且还可以挂多串，串间距为 1 米左右。

（2）供液方式 温室内设有贮液池，按东西向安装一条主管道至各栽培槽，在栽培槽北侧用旁通管接上滴灌带供营养液，并在温室最高处安装一条东西向的主管供输液用。然后在栽培盆上面安装分管，再在每串栽培盆上面接上滴头，营养液由贮液池通过电泵，泵入每串的顶部栽培盆，营养液依次滴至下部栽培盆，最后滴入地面的栽培槽进行循环供液。

（3）品种选择 一般应选用优质、抗病、速生品种，目前常用的品种有暑绿、寒笑、高脚白、奶白菜等。

（4）播种育苗 在平底不漏水的育苗盘内，平铺一层 3 厘米见方（长、宽、高都为 3 厘米）干净的海绵作为育苗的基质，将用凉水浸种催芽后的种子播种在海绵块上，每个海绵块上播一粒芽体健壮的种子，播后将育苗盘加满清水，然后平摆放置在不见直射光的环境中，保湿保温（温度在 15 ℃左右），每隔 6 小时在种子表面用清水喷雾一次，一般 3 天可出苗。出子叶后则开始喷配制好的营养液，使营养液盛满育苗盘，营养液可用蔬菜育苗营养液配方。

（5）定植与管理 当苗龄 20 天左右，幼苗 2 叶期时根尖就会伸长到海绵块底下，这时将幼苗连同海绵块一起从育苗盘中掰下，按照 15 厘米 ×25 厘米的株行距定植。

定植方法是将带有秧苗的海绵块塞入栽培槽的定植孔中，随后用事先配制好的专用营养液进行浇灌。

一般加营养液的时间是“每循环加液 2 小时就停供 1 小时”。如果是用电泵运送营养液，则可调整电泵的定时器使其间断地供营养液，即营养液开泵后每循环 2 小时，就停泵停供 1 小时。晚上停供营养液的时间可延长至 4 小时。

营养液在循环使用过程中有一定的消耗，所以一般每 7 ～ 10 天要补充一次营养液。

（6）采收　不结球白菜的无土栽培，其栽培场地的小气候可以人工控制，主要是通过遮阳预防强光照，同时也有降温效果，保持温度在 20 ℃左右即可。定植后 30 天，即可根据市场需要上市销售，一年可种 8 ～ 10 茬。

（六）病虫害防治

1. 病害

（1）不结球白菜霜霉病

● 症状：幼苗和成株均可发病。幼苗发病，叶面出现褪绿或变黄的凹陷病斑，长出白色霉状物，高温时病部出现近圆形枯斑。成株发病，叶面出现褪绿斑或黄斑，受叶脉限制，病斑呈多角形，叶背长出白色霉层。种株发病，花柱往往畸形，甚至肿大，花、荚上生坏死斑，潮湿时出现白霉。严重时，叶片枯黄、干枯，影响籽粒生长。

● 发生特点：该病是真菌病害，由真菌侵染致病。病菌以菌丝体在病株或种株上越冬，或以卵孢子在土壤中越冬，种子亦可带菌。翌年借风雨传播，侵染危害。霜霉病发生的最适温度为16 ℃左右。在24 ℃时易形成黄色枯斑。在气温忽高忽低，昼夜温差大，加上多雾、有露、阴雨、田间湿度大时易发病。播期偏早，肥料不足，植株密度过大，虫害严重等均致发病严重。

● 防治方法：① 选用抗病品种。② 在无病区建立留种田，在无病种株上留种，防止种子带菌。③ 发病严重地区应适当晚播。④ 选择地势高燥、排水方便的田块。采用高垄栽培，施足基肥，合理追肥，增施磷、钾肥料。定苗时除去病苗和弱苗，合理灌溉。发病严重时，应摘除病叶，清洁田园。

（2）不结球白菜病毒病

● 症状：幼苗期发病，心叶产生明脉症状，并沿叶脉褪绿，继而表现浓淡相间的病斑，并发生皱缩卷叶。受害叶片僵缩、畸形，叶脉上产生褐色坏死斑点或条斑。

种株发病，轻则花薹弯曲、矮小，重则不抽薹、死亡。新叶明脉，老叶发生坏死斑，花蕾发育不良，种荚小，籽粒不饱满。

● 发生特点：该病为病毒性病害，由芜菁花叶病毒、烟草花叶病毒、黄瓜花叶病毒等致病。病毒在种株或越冬蔬菜及杂草上越冬。翌春由蚜虫、人工接触等传播。影响发病的因素有：苗期高温、干旱，或雨涝根系受伤后天又暴晴，发病严重；施肥不当引起灼根也易发病；蚜虫多，危害严重，发病亦严重。

● 防治方法：① 选用抗病品种。② 适期晚播可使发病敏感时期推迟到冷凉季节，从而避免发病条件，减轻发病。③ 避免与甘蓝等十字花科蔬菜重茬，实行与其他粮菜间作、套作，改善田间小气候，避免发病环境。④ 采用平畦或小高垄栽培。小水勤浇，保持地面湿润，降低地温；田间发现病株，及时清除，减少传播。⑤ 苗期应及时防治蚜虫，减少蚜虫传毒；育苗移栽田块，应采用纱网隔离措施。

（3）不结球白菜软腐病

● 症状：发病初期，植株外围叶片基部或短缩茎发生水渍状软腐，外叶萎蔫，下垂，极易脱帮，往往溢出污白色菌脓，除残留部分维管束外，组织呈黏滑状腐烂。由于其他腐败菌的侵入，发生恶臭，最后全株腐烂致死。

● 发生特点：软腐病是细菌性病害。病菌随病株残体遗留在土壤中或肥料、垃圾中越冬，也可在种株上越冬，翌年通过雨水、灌溉、施肥和昆虫传播。主要从短缩茎或叶基部的伤口处侵入。软腐病菌的生存温度为 2 ~ 38 ℃，最适温度为 27 ~ 30 ℃，不耐干燥和日光。所以，地温高、多雨潮湿是发病的有利条件。若管理不当而造成机械伤口，或害虫危害伤口，则病菌入侵门户多，发病严重。此外，播种偏早，施用未腐熟的肥料，地势低洼，排水不良，或者前期已感染病毒病、霜霉病的植株，由于生长势弱，均易发病。

● 防治方法：① 选用较抗病品种。② 播种过早，气温高、湿度大，病害严重，而适当晚播发病轻。③ 选择地势高燥、排水良好的地块，采用高畦或高垄栽培，雨季注意及时排水防涝，避免大水漫灌，减少灌水传病。④ 施肥应腐熟，追肥应分期，以免烧根。肥水管理应协调，勿忽干忽湿。⑤ 田间操作注意减少伤口。及时防治各种虫害，减少虫害口。⑥ 发现病株及时拔除，病株穴用石灰粉消毒。⑦ 注意轮作倒茬，勿与十字花科作物连作。⑧ 药剂防治。发病初期可用 72% 农用链霉素可溶性粉剂 4 000 倍液，或新植霉素 4 000 倍液，或 14% 络氨铜水剂 350 倍液，于莲座中期连喷 2 ~ 3 次。

（4）不结球白菜白斑病

● 症状：主要危害叶片。发病初期叶面散生灰褐色细小斑点，后渐扩大呈圆形或卵圆形，病斑中部渐变成灰白色，有 1 ~ 2 道不明显的轮纹，周缘围绕淡黄绿色的晕圈，直径为 6 ~ 10 毫米。潮湿时，叶背面病斑产生淡灰色霉状物。后期病斑变白色半透明，随后破裂穿孔。一般外层叶先发生，向上蔓延。

● 发生特点：该病为真菌性病害。病菌随病株残体在土壤中越冬，也可在种株上越冬。翌年产生的分生孢子借风雨传播。白斑病发生的温度范围为 5 ~ 28 ℃，适温为 11 ~ 23 ℃。适于发病的空气相对湿度为 60% 以上。在温度偏低，昼夜温差大，田间容易结露，多雾、多雨的天气条件下，该病容易发生并流行。

● 防治方法：① 实行与非十字花科作物 2 ~ 3 年的轮作。② 适期晚播，可减轻发病。③ 及时清理田园，摘除病叶，增施磷、钾肥，均可减轻病害的发生和流行。

（5）不结球白菜黑斑病

● 症状：幼苗和成株均可受害。受害子叶可产生近圆形褪绿斑点，扩大后稍凹陷，潮湿时病斑表面长有黑色霉层。真叶发病，初呈近圆形褪绿斑，扩大后，中间暗褐色，边缘淡绿色。病斑有明显的同心轮纹。叶柄病斑梭形，暗色，稍凹陷。种株受害症状相似。

● 发生特点：该病为真菌性病害。病菌以菌丝体和分生孢子在病叶残体及种子上越冬，翌年通过风、雨传播。病菌的生育温度范围为 11 ～ 24 ℃，适温为 17 ～ 20 ℃。在气温偏低、连续阴雨的情况下发病严重。

● 防治方法：① 与非十字花科作物实行 2 年以上的轮作。② 施足腐熟有机肥料，增施磷、钾肥，增强植株抗性。③ 注意清洁田园，减少病原菌。④ 在无病区或无病植株上留种，防止种子带菌。⑤ 播种前应进行种子处理，可用 50% 福美双按种子重量的 0.2% 拌种；亦可用 50 ℃的温汤浸种，以消灭种子上携带的病菌。

（6）不结球白菜炭疽病

● 症状：主要危害叶片、花梗及种荚。叶片染病，初生苍白色或褪绿水渍状小斑点，扩大后为圆形或近圆形灰褐色斑，中央略下陷，呈薄纸状，边缘褐色，微隆起，直径 1 ～ 3 毫米；发病后期，病斑灰白色，半透明，易穿孔；在叶背多危害叶脉，形成长短不一略向下凹陷的条状褐斑。叶柄、花梗及种荚染病，形成长圆或纺锤形至梭形凹陷的褐色至灰褐色斑，湿度大时，病斑上常有赭红色黏质物。此外，该病还侵染芜菁、芥菜等十字花科蔬菜，引起类似的症状。

● 发生特点：病菌以菌丝随病残体遗落土中或附在种子上越冬，翌年分生孢子长出芽管侵染，潜育期 3 ～ 5 天。病部产出分生孢子借风、雨传播，进行再侵染。每年发生期主要受温度影响，而发病程度则受适温期降雨量及降雨次数多少影响，属高温高湿型病害。因此如气温升高、降雨多，则导致该病流行。

● 防治方法：① 种植抗病品种。选用无病种子，或在播前用 50 ℃温汤浸种 10 分钟。② 注意清洁田园，与非十字花科蔬菜隔年轮作。③ 发病较重的地区，应适期晚播，避开高温多雨季节，控制莲座期的水肥。④ 加强田间管理，选择地势较高，排水良好的地块栽种，及时排除田间积水，合理施肥，增施磷、钾肥，收获后深翻土地，加速病残体的腐烂。

（7）不结球白菜白锈病

● 症状：主要危害叶片。发病初期在叶背面产生稍隆起的白色近圆形至不规则形疱斑，即孢子堆。其表面略有光泽，有的一张叶片上疱斑多达几十个。成熟的疱斑表皮破裂，散出白色粉末状物，即病菌孢子囊。在叶正面则显现黄绿色边缘不明晰的不规则斑，有时交链孢菌在其上腐生，致病斑转呈黑色。种株的花梗和花器受害，致畸形弯曲肥大，其肉质茎也可见乳白色疱状斑，成为本病重要特征。此病除危害白菜类蔬菜外，还侵染芥菜类、根菜类等十字花科蔬菜。

● 发生特点：在寒冷地区病菌以菌丝体在留种株或病残组织中，或以卵孢子随同病残体在土壤中越冬。翌年，卵孢子萌发，产生孢子囊和游动孢子，游动孢子借雨水溅射到下部叶片上，从气孔侵入，完成初侵染，以后病部不断产生孢子囊和游动孢子，进行再侵染，病害蔓延扩大，后期病菌在病组织里产生卵孢子越冬。在温暖地区，寄主全年存在，病菌以孢子囊借气流辗转传播，完成其周年循环，无明显越冬期。白锈菌在 0 ~ 25 ℃均可萌发，潜育期 7 ~ 10 天，故此病在低温地区和低温年份发病重。

若低温多雨，昼夜温差大，露水重，连作或偏施氮肥，植株过密，通风透光不良及地势低、排水不良田块发病重。

● 防治方法：① 与非十字花科蔬菜进行隔年轮作。② 蔬菜收获后，清除田间病残体，以减少菌源。

（8）不结球白菜白粉病

● 症状：主要危害叶片、茎、花器及种荚，产生白粉状霉层，即分生孢子梗和分生孢子。初为近圆形放射状粉斑，后布满各部，发病轻的病变不明显，仅荚果略有变形；发病重的造成叶片褪绿黄化早枯，采种株枯死，种子瘦瘪。除危害白菜类蔬菜外，还危害甘蓝类、芥菜类蔬菜。

● 发生特点：北方主要以闭囊壳随病残体越冬，成为翌年初侵染源。分生孢子借气流传播，孢子萌发后产出侵染丝直接侵入寄主表皮，菌丝体匍匐于寄主叶面不断伸长、蔓延，迅速流行。南方全年种植十字花科蔬菜地区，则以菌丝或分生孢子在十字花科蔬菜上辗转危害。雨量偏少年份发病重。

● 防治方法：① 选用抗病品种。② 施足基肥，增施磷、钾肥。

（9）不结球白菜根肿病

● 症状：白菜类蔬菜的幼苗或成株均可被害。病株叶色变淡，凋萎下垂，晴天中午前后尤为明显。病株根部肿大呈瘤状，其形状大小受着生部位影响较大。发病后期，病部易被软腐细菌等侵染，造成组织腐烂或崩溃，散发臭气，致整株死亡。

● 发生特点：病菌以休眠孢子囊在土壤中或黏附在种子上越冬，并可在土中存活 6 ~ 7 年。孢子囊借雨水、灌溉水、害虫及农事操作等传播，萌发产生游动孢子侵入寄主，10 天左右根部长出肿瘤。病菌在 9 ～ 30 ℃均可发育，适温为 23 ℃，适宜的空气相对湿度为 50% ～ 98%。土壤相对含水量低于 45% 时病菌死亡，适宜 pH 值 6.2，pH 值 7.2 以上发病少。一般低洼及水改旱田后或氧化钙不足发病重。

● 防治方法：① 实行 3 年以上轮作，避免在低洼积水地、稻麦田改菜田或酸性土壤上种不结球白菜。② 育苗移栽的白菜类蔬菜采用无病土育苗或播前消毒苗床。③ 改良定植田的土壤，结合整地，在酸性土壤中每亩施消石灰 100 ～ 150 千克，并增施有机肥。④ 加强栽培管理，及时排除田间积水，认真拔除病株并携出田外烧毁，在病穴四周撒消石灰，以防病菌蔓延。

（10）不结球白菜菌核病

● 症状：在贴近地面的叶片叶缘发生青褐色病斑，有时有轮纹。叶柄病斑为暗褐色，常能扩展到叶球，引起全株腐烂，但不发臭。潮湿时病部产生白色棉絮状的菌丝体和黑色老鼠粪状的菌核。

留种植株先从茎基部叶片和叶柄发病，以后蔓延到茎部。茎部病斑由褐色变成白色或灰白色，病茎皮层腐烂。潮湿时或阴雨天、空气湿度大时，表面纤维破裂呈乱麻状，内部空心，产生白色棉絮状的菌丝体和黑色鼠粪状的菌核。花梗和果荚病部为纯白色，内生黑色细小的菌核。

● 发生特点：该病为真菌病害。病菌以菌核在土壤中或混杂在种子中越冬，也可在种株上越冬。翌年发生子囊孢子，随风传播。在气温 20 ℃左右、地势低洼、排水不良、偏施氮肥、过度密植等条件下，有利于病害的发生。病菌绝大部分是通过老叶基部或叶痕侵入的。

● 防治方法：① 精选种子。采种时，应在无病区或无病植株上采种，防止种子内混有菌核。② 播种前应进行种子处理，以除去携带的病菌。常用的方法是：用筛子筛去菌核，或用 10% 盐水选种，除去菌核。选后应立即用清水洗净或用 50 ℃的温汤浸种 10 分钟。③ 与非十字花科蔬菜实行 2 ~ 3 年的轮作，与水稻轮作效果最佳。④ 合理密植。施足基肥，增施磷、钾肥；注意田间排水；及时摘除病、老、黄叶，移出田外深埋。

2. 虫害

（1）蚜虫

● 危害特点：蚜虫主要以其成蚜和若蚜吸食蔬菜汁液，使叶片卷缩发黄，植株矮小，影响结实，且能传播病毒病。

蚜虫一年可发生 10 ~ 20 代。晚秋时产生两性蚜在菜上或飞到桃、李等果树枝条上产卵越冬，也可以成蚜或若蚜在菜窖或越冬蔬菜上越冬。翌年借有翅蚜迁飞扩散。一年中有春末夏初和秋季两次危害高峰。夏季因高温、多雨和天敌的抑制，其数量明显下降。有翅蚜对黄色有强烈趋性，银灰色有忌避作用。

● 防治方法：① 及时清洁田园，清除残株落叶，消灭越冬及残存的蚜虫。② 在苗床四周铺约 17 厘米宽的银灰色薄膜，苗床上方隔 60 ~ 100 厘米挂 3 ~ 7 厘米宽的银膜，可驱避蚜虫。③ 悬挂黄色诱虫板于田间，高约 70 厘米，可诱杀有翅蚜。

（2）菜蛾

● 危害特点：菜蛾的一龄幼虫钻入叶组织内潜食叶肉，二龄幼虫在叶背啃食叶肉，三龄幼虫将叶片吃成空洞，天冷时在菜心危害。还可食害嫩茎、幼荚和籽粒。

菜蛾一年可发生 2 ～ 17 代，我国北部以蛹越冬，江南地区终年可见各种虫态。幼虫有吐丝习性，卵多产在菜叶背面叶脉处。在菜叶背面或杂草堆化蛹。

● 防治方法：① 避免与十字花科蔬菜周年连作，做好田园清洁工作。② 用黑光灯或普通电灯诱杀成虫。③ 利用性诱剂诱杀。

（3）菜螟

● 危害特点：菜螟俗称钻心虫。初孵幼虫在幼苗的菜心内吐丝结网，取食新叶，三龄以后还可从心叶向下钻食茎髓至根部，造成根部腐烂。

菜螟在我国一年发生 3 ～ 9 代，以茧在土中或落叶上越冬。成虫有趋光性。卵产在叶上主脉附近。在菜根附近的土中做茧化蛹。高温、干旱时发生严重。

● 防治方法：及时清洁田园，消灭虫源，结合间苗，拔除虫苗。秋旱年份应勤浇水，增加田间湿度，可减轻受害。

（4）菜粉蝶

● 危害特点：菜粉蝶幼虫俗名菜青虫，国内各地均有分布，危害严重。幼虫咬食叶片成孔洞或缺刻，严重时全叶吃光，仅剩叶柄。危害造成的伤口易诱发软腐病。

● 防治方法：① 每次收获后清除田间残株落叶，减少虫源。② 常用的生物防治药剂有 Bt 乳剂、杀螟杆菌、青虫菌粉等，每药加水 800 ～ 1 000 倍，在 20 ℃以上气温时使用，效果良好。菌粉中可加 0.1% 洗衣粉，提高防治效果。

（5）小地老虎

● 危害特点：小地老虎俗名地蚕、切根虫等，是我国分布最广、危害最严重的地下害虫之一。小地老虎以幼龄幼虫咬断茎基部，造成缺苗断垄，还可咬食叶片，降低产品的品质和产量。

小地老虎一年可发生 2 ～ 7 代，长江以北以老熟幼虫、蛹和成虫越冬。小地老虎喜温暖气候，生长适温为 13 ～ 14.8 ℃。成虫白天隐蔽，夜间活动，对甜、酸和黑光灯趋性较强。卵多产在近地面的茎叶上。幼虫行动敏捷，有假死和迁移危害习性。老熟幼虫入土中化蛹。在早春气温偏暖年份以及地势低洼、耕作粗放、黏壤土和杂草多地块发生严重。

● 防治方法：① 早春铲除菜地及其周围、田埂上的杂草，可以灭卵和幼虫。春耕耙地可消灭部分卵粒。秋翻晒土及冬灌，可杀死部分越冬幼虫和蛹。② 用糖、醋、酒各 1 份，水 10 份，加少量敌百虫，做成糖醋液诱杀成虫，或用黑光灯、电灯诱杀成虫。③ 将新鲜泡桐叶用水浸泡后，于傍晚放入被害菜田里，每亩 50 ～ 70 张，次日清晨人工捕捉叶下幼虫。或将鲜菜叶浸入 90% 敌百虫晶体 400 倍液中 10 分钟，傍晚撒于田间诱杀幼虫。④ 清晨拨开断苗附近的表土，可捕杀幼虫。

（6）黄曲条跳甲

● 危害特点：成虫主要咬食刚出土的幼苗，子叶被吃后，整株死亡，造成缺苗断垄。还可危害花蕾和嫩荚。幼虫只危害根系，蛀食根皮，咬断须根，使叶片萎蔫枯死，并传播软腐病。

● 生活习性：黄曲条跳甲的成虫体长 1.8 ～ 2.4 毫米，黑色，鞘翅上各有一条黄色纵斑，中部狭而弯曲。后足腿节膨大，因而善跳。卵椭圆形，淡黄色。老熟幼虫体长约 4 毫米，长圆筒形，黄白色，各节具不显著肉瘤，生有细毛。蛹椭圆形，黄白色。

黄曲条跳甲以成虫在落叶、杂草中潜伏越冬。翌春气温10 ℃以上开始取食，20 ℃时食量大增，中午前后活动最盛。有趋光性。在炎热的夏季，多入土潜伏，或蛰伏叶阴处，所以春、秋两季蔬菜被害严重，尤以秋季最甚。卵散产在根际附近湿润的表土层内。

● 防治措施：农业防治。清除菜地残枝落叶，铲除杂草，消灭其越冬场所和食料基地；播种前深耕晒土，消灭部分虫蛹。

（七）产品的标准及分级

精品蔬菜生产，产品的标准化分级是重要的环节。

1. 不结球白菜商品质量要求和标准

蔬菜是集优质、安全、营养于一身的商品，因此，在判别蔬菜质量优劣时，不仅要考虑蔬菜产品中有害物质残留值是否控制在允许范围以内，还要考虑蔬菜的外观商品性和营养成分含量。蔬菜商品质量的基本要求：要求产品新鲜，未受伤害，完整，清洁（没有肥料、药物污染，没有黄枯叶和污物），水分含量正常，无异味，处于规定的成熟阶段，产品未受冻害、冷害，形状整齐，颜色均匀呈品种典型色泽，无木质化等，而且在蔬菜的运销过程中需要有一个共同信守的约束和规定。商品的质量标准就是衡量产品质量及与商品质量相关的各方面所规定的规范和准则，是产需各方共同遵守的依据。商品标准中对产品的名称、品种、质量、规格、包装、运输等条件都作了统一规定。各国的标准虽然不同，但大致都包括以下几个方面的内容：

（1）定义　标准适用的范围和地区，适用的蔬菜种类、类型和品种，产品的消费方式等。

（2）品质规定 最低的品质要求，按品质特征要求的分级标准。

（3）大小的分级标准 按长短、直径、重量等分级分等。

（4）允许的不达标准产品的范围 包括品质规定不合格和大小规定不合格的产品在总量中允许的比例。

（5）产品外观上的要求 要求外观和内含的一致性包装。

（6）商品规格要求 商标、鉴定、种类、原产地、产品特征的简单说明、官方检验印章。

（7）卫生检验的要求 商品中各种残留物所能通过的标准及合格证书。

商品标准中的国家标准是在全国范围内贯彻执行的标准。部颁标准是由国家主管部门组织制定的某专业范围的商品标准。凡未制定国家和部颁标准的商品都应有企业标准，很多企业标准的指标超过国家和部颁标准，以赢得较高的企业信誉和竞争能力。国际标准是由联合国的某些专业机构，会同有关地区的国家，共同制定的适合于本行业和这个地区的标准。例如，受联合国委托，欧洲经济委员会从 1949 年开始制定，到 1975 年修订完成了联合国欧洲经济委员会（UN/ECE）鲜食果品蔬菜标准，后被联合国推荐作为国际贸易标准。而在未制定适当标准的情况下，贸易双方根据自己的利益和可能互相商定一个双方都可以接受的标准来履行合同，保证质量，这种标准称为协议标准。

不结球白菜的商品质量包括以下四方面内容：

（1）合格质量　蔬菜的合格质量是指商品蔬菜在流通过程中消费者能接受的最低限度，低于这一要求就不能作为商品蔬菜上市。这个最低质量标准主要是根据蔬菜是否具有明显的病虫害、伤害和生理病害以及严重的菜体污染等来确定的。例如，叶菜类蔬菜叶片上有较多明显的病斑，菜叶层内有较多的蚜虫，蔬菜在贮运及销售中受到较严重的燃油或粉尘等污染，均应视为不合格商品。蔬菜商品要求的质量标准高，凡产品上有病虫危害以及有生理障碍症状的都应视为不合格商品。

（2）外观质量　外观质量主要指蔬菜的颜色、大小、形状、整齐度及结构等外观可见的质量属性。对这些质量的要求虽依国家或地区、蔬菜种类或品种、商品用途甚至消费者喜好而不同，但也有一定的共同基本要求。蔬菜商品的整齐度是体现商品群体质量的重要外观质量标准，包括颜色、形状、大小整齐度。同一优良品种，在颜色、形状的整齐度上一般比较容易达到较高标准，而个体大小可能悬殊较大，虽然可以通过分级将其分为若干等级，但优质蔬菜的商品率就会大大降低。蔬菜商品在个体组成结构上的差异往往是鉴别质量的一种标准，如不结球白菜束腰性，其结构特征多与蔬菜的食用质量有关。

（3）洁净质量　主要包括两方面内容，即蔬菜的清洁程度及净菜百分率。前者主要是指菜体表面是否受到明显的污染，对一些易受土壤、肥料污染表面的叶菜、根菜都应清洗上市，以提高其商品质量。后者则指蔬菜的可食部分占整个商品蔬菜的百分率。净菜上市是对生产者、消费者以及环境净化都有益的事。

生产者可通过采后处理将不能食用的部分除去，一方面可提高蔬菜档次及市场价格，同时可减小运输压力，另一方面可使消费者买到完全可以食用的蔬菜产品部分。

（4）口感质量 口感质量不容易从外观上判断，主要通过食用后才能鉴别。口感是一个较复杂的质量内容，因为它涉及风味、质地等多方面因素，而风味与质地又与产品内的营养成分、新鲜度、硬度、坚韧度、多汁性及粉度有关，另外还与消费者的口感与味觉差异有关。但从总体上看，口感确实是商品质量的重要内容，且大体上都能从这一角度判别质量的好坏，质量的差异往往会超过每个人在口味上的差别，因此，这一质量标准还是基本可靠的。当然，消费者在选购蔬菜时很难甚至不可能及时通过品尝来判断其质量，只能用眼、手、鼻等器官的感觉来确定其质量。

2. 不结球白菜的分级、包装

蔬菜采收后，按国家或地区制定的商品质量标准进行分级，对贯彻优质优价政策，促进蔬菜产品的商品化、标准化，降低损耗都有重要意义。我国蔬菜商品性生产正处于大发展的时期，制定蔬菜商品质量标准以及按标准进行蔬菜分级已成为蔬菜商品化的重要内容与任务，它不仅可提高蔬菜优质化的程度，而且可以进一步与国际市场接轨，适应市场发展的需要。

经过初步整理的蔬菜产品还需进行分级等处理才能称作商品。分级是指不同蔬菜种类根据产品器官的形态特征、品质指示性状，从质量上分级、大小上分级等，选择出不同规格蔬菜产品的过程。分级是蔬菜由采收后产品转变为商品的一个重要步骤。

分级通常和包装一起进行。发达国家在产地的分级包装间都配有分选机、翻箱机、包装机、制冷设备、清洗机、检验台以及气体、温度、湿度等检测仪器。

分级是蔬菜长距离运输的基础，是买方对卖方增加信任所必需的过程。质优则价高，分级使商品增加使用价值。

分级标准可按照质量和大小进行。世界各国都有不同的规定，现在美国商业中使用多年的分级标准也在加拿大、南美洲、澳大利亚和以色列等国家和地区使用，其中的大部分是由欧洲经济委员会帮助制定的。欧洲经济委员会提出了《水果、蔬菜标准化日内瓦协议书》，称为“欧洲标准 8/RCV1966”，根据这个文件已经对各种果蔬制定了 30 多种标准。

欧洲经济委员会介绍的按质量分级的有特级、Ⅰ级、Ⅱ级，这些等级全部或部分用来表示每种产品的质量等级。在产品不符合标准中的最低等级标准时，是不能参加国际贸易的，但可以送入加工厂利用。

不结球白菜按照其商品性分为三级：一等品的规格为鲜嫩，洗净，无黄叶，无泥，无病虫害，无白点，薹不超过 3.3 厘米，长度不超过 23 厘米；二等品的规格为鲜嫩，洗净，无黄叶，无泥，略有病虫害、略有白点，薹不超过 10 厘米，长度不超过 27 厘米；三等品的规格为新鲜，无黄叶，无严重病虫害，无严重白点，无严重抽薹，长度不超过 33 厘米。

新鲜蔬菜采收后用适当材料做成的袋、筐、箱等容器盛装，以便于搬运、装卸和销售，称为产地包装。经过包装的蔬菜便于装卸、运输，可以减少机械损伤和水分蒸发，保持产品的鲜度和质量；经过分级包装的蔬菜商品有准确的重量、数量、级别，方便了商品的流通和销售；包装上的产地、品种、质量等级的文字说明增加了对方的信任，有利于成交，且外表美观可提高商品的竞争力。包装材料力求便宜、无毒、无污染。包装工具和包装箱力求规范化，散装箱底面积为 80 厘米 ×120 厘米或 100 厘米 ×120 厘米，大部分外部深度为 75 厘米，内部深度为 60 厘米。

不结球白菜采收后，要随即削根，剥掉老叶，剔除幼小植株和感病植株，然后分级装箱，多采用塑料或泡沫箱进行包装。包装物上应标明蔬菜品种、名称、净质量、产地、生产者、生产（或收获）日期。蔬菜包装物要整洁、牢固、透气、无污染、无异味。每批样品包装规格、单位、质量必须一致。

（八）不结球白菜的运输、加工与贮藏

1. 不结球白菜的商品化处理

蔬菜的商品化处理技术主要有预冷、整修、洗涤、分级、包装等。

（1）预冷 采收以后，在运输或贮藏以前迅速除去从田间携带的热量，使产品内的温度降低到一定程度以延缓代谢速度，防止腐败，保持蔬菜的品质，这种快速降温冷却的方法称为预冷。预冷的方法主要有冰触法、水冷法、真空预冷、差压预冷、冷库预冷等。

（2）整修、洗涤与初加工 不论用人工或机器采收，在进

行分级和包装以前都要先进行洗涤、整修，去掉产品上的尘垢、沙土、泥土、病虫以及产品上有损伤、腐烂的部分。不结球白菜要除掉过多的外叶并适当留有少许保护叶。通过清洗、整修，不但可改进产品的外观，而且作业简便易行。蔬菜采后的各项处理作业中，清洗是最先采用机械设备的，随着蔬菜超级市场特别是加工小包装和方便型即食小包装的出现，已相继推出具有清理、洗涤、去皮、切断、包装等多功能的复合型清洗整理设备。

2. 不结球白菜的运输与贮藏

夏季采收的不结球白菜，保持鲜嫩绿叶是保鲜的重要指标，采收后要整齐排放装箱，置于阴凉通风场所，有条件的可置于冷库贮藏，以免烈日暴晒造成叶片变黄。

装运时要做到轻装、轻卸，运输工具清洁无污染。运输时应注意防冻、防雨淋、防晒和通风透气。按品种、规格分别贮藏，环境必须阴凉、通风、清洁，严防暴晒、雨淋、冻害、病虫害污染及有害物质污染。

3. 不结球白菜的加工

不结球白菜主要以速冻蔬菜、脱水蔬菜及新鲜蔬菜的形式外贸出口，其检验检疫程序见附录一、附录二和附录三。

（1）速冻不结球白菜蔬菜　速冻是以结晶的理论为基础，将产品在30分钟以内以快速制冷通过晶体最高形成段（–3.9～0 ℃），保持蔬菜本身的营养成分和风味的现代食品冷冻技术。

● 漂烫：漂烫主要是用热水或沸水、蒸汽等对已经挑选整形并清洗过的蔬菜产品进行热处理的工艺，其作用就是保护蔬菜原有色泽，破坏和降低蔬菜表面组织酶的活性，抑制由酶引起的生物化学变化，杀死附着在蔬菜表面的病原菌和虫卵，确保蔬菜产品在较长的时间内维持较好的品质。

以前加工厂漂烫设备常用的是铝制夹层锅，现在为了提高效率，大多改为水槽式传送带移动漂烫机，在操作性能上比较方便可靠。漂烫的温度和时间应视不同种类蔬菜的加工要求而灵活掌握，在 HACCP 计划模式中（20 世纪 70 年代由美国一家企业提出的一种简便合理又具很强专业性的食品安全和质量控制体系，目前已经广泛使用），把漂烫工艺作为关键控制点进行控制，对块茎类、叶类、豆类、调理类四大类蔬菜的漂烫温度和时间都有具体要求。

漂烫所用水的温度大多控制在沸点或接近沸点，个别组织很柔嫩的蔬菜（如不结球白菜），为了保持其固有的绿色，可采用 80 ℃左右的温度进行漂烫；也可采用缩短漂烫时间的方法进行漂烫，在大约 98 ℃的水中漂烫 30 ~ 40 秒，根部的漂烫时间略长一些。漂烫以蔬菜失去原有硬度又能保持其脆性并有效破坏掉蔬菜表面组织酶活性为原则。

使用沸水漂烫会使蔬菜体内的可溶性营养物质损失一部分，使用蒸汽漂烫虽可使营养损失降至最低，但必须要有好的设备，否则很容易造成漂烫不均匀。沸水漂烫用水应保持清洁，并经常更换，尤其是漂烫含硝酸根离子等腐蚀性离子较多的蔬菜时，容易将水染色，必须及时更换。

● 冷却及沥水：蔬菜漂烫后要立即进行冷水浸泡降温，不让余热发挥持续作用，否则会将蔬菜产品焖伤，可溶性和热敏性营养成分发生较大损失，组织变色，脆性降低，严重影响蔬菜产品的品质。蔬菜冷却的时间不可过长，冷却后应立即控水，减少维生素 C 及可溶性营养成分的流失。单体速冻的蔬菜控水必须彻底，避免速冻时蔬菜表面结出冰块。控水最好采用震动式网状传送带振动去水，并用高速排风机吹干，这样控水效果好，效率高。

● 摆盘：摆盘这道工序只有叶类蔬菜和要切段切丝的蔬菜才使用，通常都使用不锈钢盘，它主要可以增加蔬菜产品的外观品质。摆盘后控出的菜水应及时倒掉。

● 速冻：目前对蔬菜进行速冻的方式多种多样，有用低温液体（盐水、乙二醇）进行的速冻，其产品先经过密封包装后再沉浸式冻结；有的采用隧道架车式冷空气冻结法；有的用螺旋式冷空气冻结法；也有的用悬浮流态床式冻结法。

● 挂冰衣：有些速冻蔬菜在包装前要挂冰衣。挂冰衣一方面能防止蔬菜本身的水分散失，一方面也能使蔬菜的表面光亮美观，提高外观品质。挂冰衣要在低温下进行，将蔬菜产品浸入 0 ~ 4 ℃带冰块的水中持续 3 ~ 5 秒，迅速提出，振荡除去多余的水分。用水必须清洁卫生，保证冰衣的透明度。

● 包装：速冻蔬菜包装的目的是防止失水干燥，防止氧化、异味、污染杂物以及病原微生物的侵害，以便于贮藏、运输。内包装材料要求韧性强，无异味，水蒸气的渗透率低；外包装材料要求美观、结实，抗一定冲击力。包装封口前，塑料袋内空气尽量排尽。包装后的成品用金属探测器检测无金属碎片后应及时进入冷库。冷库的温度必须保持恒定，不能忽冷忽热，否则对蔬菜的色泽、风味都会产生影响。

（2）脱水蔬菜

● 蔬菜脱水加工原理：脱水蔬菜的加工方法主要分为自然脱水、热风干燥脱水和冷冻真空脱水三种方法。后两种方法是近代发展起来的新型加工方法。热风干燥脱水的基本原理是借助于干燥热风使得蔬菜表面水分气化扩散到空气中，这样蔬菜表层内容物浓度得到了提高，形成了相连的内层细胞的渗透压差，使水分由内层向外层扩散流动，水分不断气化，蔬菜就得以脱水。冷冻真空脱水的原理是蔬菜在真空条件下，低温冻结时，蔬菜组织中的水分子可直接由固态升华为气态，从而达到脱水的目的。这一方法对于热敏性蔬菜的脱水加工最为有益，因为它可以最大限度地保持蔬菜原有的色泽、风味以及营养成分。不过这种方法的成本很高，多用于高档蔬菜的脱水加工。

● 影响脱水的因素：一是干燥空气的湿度与温度。在高温低湿条件下，蔬菜原料不仅脱水速度快，脱水制品的含水量也低；但温度过高也会造成蔬菜中细胞胀裂以及蔬菜中有机物炭化变焦，影响脱水蔬菜的外观与风味。二是空气流动速度。增加空气流动速度，可以降低加工品周围的空气湿度，加快干燥速度，确保干燥质量。三是原料的种类与状态。蔬菜产品的种类不同，表面积与体积之比例、含水量、组织结构、化学成分等也不同，因此脱水的速度也不同。另外，去皮的蔬菜、切段切丝的蔬菜、含水率和含糖量低的蔬菜、经过漂烫的蔬菜，干燥脱水的速度也较快。四是真空度。在冷冻真空脱水条件下，真空度越大，蔬菜组织中冰晶升华为水蒸气的速度越快，脱水干燥的时间也越短。

二、结球白菜

（一）概述

结球白菜为十字花科芸薹属芸薹种中能形成叶球的亚种，属一二年生草本植物，原产我国，在我国有悠久的栽培历史，是我国著名的特产蔬菜。

现今结球白菜在我国分布十分普遍，各地均有栽培。在北方广大地区，尽管上市量较 20 世纪 80 年代末期有所减少，但秋播初冬收获的结球白菜仍为供应冬春季节的重要蔬菜。随着新品种的选育及保护地栽培的发展，早春结球白菜、春夏结球白菜、夏秋结球白菜的栽培面积也逐年扩大，使结球白菜基本实现了周年生产、均衡供应的目标。所以说，无论从生产面积、生产量，还是从供应期、食用习惯等角度看，结球白菜仍是我国主要的蔬菜种类。

结球白菜生产投资少，栽培技术简单，在生长季节自然灾害较少，生产的风险小，因此，在我国广大的农村地区，无论是粮食产区，还是蔬菜产区，其普及率之高，都不愧称之为“大路菜”。

结球白菜营养价值很高，每 100 克叶球的鲜样中，含蛋白质 1.2 克、脂肪 0.1 克、碳水化合物 2.0 克、钙 40 毫克、磷 28 毫克、铁 0.8 毫克、胡萝卜素 0.1 毫克、核黄素 0.06 毫克、维生素 B_3 0.5 毫克、维生素 C 31 毫克。结球白菜的食用方法很多，可炒食、做汤、做馅，亦可腌渍、加工。结球白菜还具有重要的食疗价值，具有补中、消石、利尿、通便、消肺热、止痰咳、除瘴气等疗效。同时结球白菜清香鲜嫩，有助于消化吸收，可预防肠癌和乳腺癌等。

（二）生物学特性

1. 形态特征

（1）根　结球白菜为浅根性直根系植物。主根较发达，上粗下细，侧根位列主根两侧。上部的侧根长而粗，下部的侧根短而细。主根入土不深，一般在 60 厘米左右，侧根多分布在距地表 25 ～ 35 厘米的土层中，根系横向扩展的直径达 60 厘米左右。

（2）茎　结球白菜的茎在不同的发育时期形态各不相同。在营养生长时期的茎称为营养茎或短缩茎。进入生殖生长期称为抽生花茎。营养茎最初由胚轴和胚芽发展而来，随生长进程，粗度增加较大，可达 4 ～ 7 厘米，但缺乏居间生长，在整个营养生长阶段基本上是短缩的，呈短圆锥形。结球白菜经受低温后，营养苗端发育成为生殖苗端，这时，营养茎仍然很短。但随着温度的升高，生殖苗端发展成为花茎，抽出主薹，叶腋间的芽可抽出侧枝，侧枝还可长出二级、三级侧枝。花茎有明显的节，高度达 60 ～ 100 厘米。

（3）叶　结球白菜的叶既是进行光合作用、气体交换和蒸腾作用的主要器官，又是营养贮藏器官。结球白菜的叶具有明显的多型性，有子叶、初生叶、莲座叶、球叶、顶生叶 5 种类型。发芽时，胚轴伸长把子叶送出土面。子叶为肾形，光滑，无锯齿，有明显的叶柄，绿色，可进行光合作用。继子叶出土后，出现的第一对叶片称为初生叶或基生叶。初生叶长椭圆形，具羽状网状脉，叶缘有锯齿，叶表面有毛，有明显的叶柄，无托叶。初生叶对生，与子叶呈“十”字形，故此期称为“拉十字”。初生叶之后到球叶出现之前的叶子称为莲座叶。莲座叶为板状叶柄，有明显的叶翼，叶片宽大，褶皱，边缘波状。莲座叶基本上由 3 个叶环组成，每个叶环的叶片数因品种而异，早熟品种每环由 5 片叶子组成，中晚熟品种每环由 8 片叶子组成。莲座叶是结球白菜主要的同化器官。莲座叶之后发生的叶片，向心抱合形成叶球，称为球叶。球叶数目因品种而异，一般早熟品种 30 ~ 40 片，晚熟品种 60 ~ 80 片。外层球叶呈绿色，内层球叶呈白色或淡黄色，球叶多呈褶皱、抱合状态，贮藏大量同化物质。

生殖生长阶段，花茎上着生的叶片称为顶生叶或茎生叶。顶生叶是生殖生长时期绿色的同化叶，叶片较小，基部阔，先端尖，呈三角形，叶片抱茎而生，表面光滑、平展，叶缘锯齿少。随生长部位升高，叶片渐小。

（4）花　结球白菜的花为复总状花序，完全花。由花梗、花托、花萼、花冠、雄蕊群和雌蕊组成。萼片 4 枚，绿色。花冠 4 枚，黄色，呈“十”字形排列。雄蕊 6 枚，4 强 2 弱，花丝基部生有蜜腺。雌蕊 1 枚，位于花中央，子房上位。属异花授粉作物，自花授粉不亲合。

（5）果实、种子　结球白菜的果实为长角果，喙先端呈圆锥形，形状细而长。授粉后30天左右种子成熟。成熟后果皮纵裂，种子易脱落。

结球白菜种子球形，红褐色或褐色，仅少数黄色。千粒重2～3克，使用年限2～3年。

2. 生育周期

结球白菜从播种到种子成熟，整个生长周期因播种期不同而异。秋播结球白菜为典型的二年生植物，生长发育过程分营养生长和生殖生长两个阶段。其在秋季冷凉气候条件下进行营养生长，形成叶球，冬季休眠，在温和及较长日照下抽薹、开花、结籽，完成生殖生长。春播结球白菜当年也可开花结籽，表现为一年生植物。

（1）营养生长阶段　此阶段从播种到形成叶球，需要50～110天，因品种的熟性不同而异，早熟品种多在65天以下，有的甚至只需45～50天；中熟品种70～85天；晚熟品种在85天以上。这一时期虽然以营养生长为主，但北方秋播结球白菜在莲座末期至结球初期已进行花芽分化，孕育生殖器官的雏体，只因当时的光照时间不断缩短，温度逐渐降低而不能抽薹开花。

● 发芽期：从种子萌动至真叶显露，即“破心”为发芽期。在适宜的条件下需5～7天。此期是种子中的胚生长成幼芽的过程，种子吸水膨胀后16小时，胚根由珠孔伸出；24小时后种皮裂开，子叶和胚轴外露；36小时后2片子叶开始露出土面；48小时后胚轴伸出土面。播种后第三天，子叶完全展开，同时两片基生叶显露，这是发芽期结束的临界特征。此期根系逐渐发育，发芽期结束时，主根已达11～15厘米，并有一级、二级侧根出现。发芽期的营养，主要靠种子子叶里的贮藏养分，子叶展开自行同化作用制造的养分很少。

● 幼苗期：从真叶显露到第七至第九片叶展开，亦即第一叶环形成，此期为幼苗期，此期结束的临界特征为叶丛呈圆盘状，俗称“团棵”。早熟品种需 14 ~ 16 天，晚熟品种需 18 ~ 22 天。播种后 7 ~ 8 天，基生叶生长到与子叶大小相同时，和子叶相互垂直排列成“十”字形，这一现象称为“拉十字”。接着胚芽的生长锥上陆续发生叶原基，这些叶原基逐渐生长发育长成第一个叶环的叶子。

进入幼苗期后，根系向纵深发展很快，播种后第八天（“拉十字”时），主根伸长达 17 ~ 25 厘米，并发生侧根，长 3 ~ 4 厘米。这一时期根系分布较浅，范围较小，分布直径约 20 厘米。“拉十字”后第八天有 3 片较小的幼苗叶时主根长 35 厘米，主根中部在土面以下 7 ~ 13 厘米处发生很多侧根，并在侧根上发生少数短的分根。在幼苗结束时根部逐渐发生“破肚”现象，这表明根系开始进行次生生长。这是初生生长时的根表皮不能适应加粗生长的要求，而将表皮撑破所致。结球白菜的破肚现象从开始到消失所持续的时间较长，且不甚明显。

● 莲座期：从团棵到第二十三至二十五片莲座叶全部展开并迅速扩大，形成主要同化器官，此期为莲座期。此期结束的临界特征为叶丛中心叶片出现抱合生长，俗称“卷心”。此期加上幼苗期形成的叶环共有 3 个，在适宜的温度条件下，早熟品种需 15 ~ 20 天，晚熟品种需 25 ~ 28 天。此期植株苗端逐渐向生殖转化，球叶分化相继停止。在莲座叶后期所有的外叶全部展开，全株绿色面积接近最大，形成了一个旺盛、发达的莲座叶丛，为叶球的形成准备充足的同化器官。

● 结球期：从心叶开始抱合到叶球形成为结球期。此期可分为前、中、后 3 个分期。结球前期：莲座叶继续扩大，外层球叶生长迅速先形成叶球的轮廓，称为“抽筒”或“拉框”，此期为 10 ~ 15 天。结球中期：植株抽筒后，内层球叶迅速生长，以充实叶球内部，称为“灌心”，此期为 15 ~ 25 天。结球后期：叶球继续缓慢生长至收获，为 10 ~ 15 天。结球前期根系继续扩大，中期和后期停止发展。抽筒前在浅土层发生大量侧根和分根，出现所谓“翻根”现象。结球期植株生长量最大，占总植株生长量的 70% 左右。结球期长短因品种而异，早熟品种需 25 ~ 30 天，中晚熟品种需 25 ~ 50 天。

● 休眠期：结球白菜结球后期遇到低温时，生长发育过程受到抑制，由生长状态被迫进入休眠状态。其休眠为被迫性休眠，而非生理休眠，当遇到适宜的条件可不经过休眠，直接进入生殖生长阶段。在休眠期结球白菜生理活动能力很弱，不进行光合作用，只有微弱的呼吸作用，外叶的部分养分仍继续向球叶运输，并依靠叶球贮存的养分和水分生活。结球白菜在休眠期内继续形成花芽和幼小花蕾，为转入生殖生长做准备。

（2）生殖生长阶段 这一阶段生长花茎、花枝、花、果实和种子，繁殖后代。

● 返青抽薹期：从母株切头栽植到采种田，开始返青抽薹至开花为返青抽薹期，需 20 ~ 25 天，也有将该期分为返青期和抽薹开花两个时期。经过休眠的种株次年春初开始返青，花薹变为绿色，并缓慢伸长，由于春季光照增强且时间延长，温度不断升高，根系活动逐渐加强，花薹逐步加速伸长，整个时期需要 25 天。花薹迅速伸长的同时，主花薹上陆续发生茎生叶，茎生叶叶腋间一级侧枝也陆续发生，花茎和花枝顶端的花蕾同时长大。随着花薹的伸长，当主茎上的花蕾长大，到植株即将有花开放时，标志着返青抽薹期的结束。

● 开花期：从始花到种株基本谢花为开花期，需 15 ~ 20 天。此期侧枝和花蕾迅速生长，并不断抽生花枝，逐步形成一次、二次和三次分枝，不断扩大开花结实的株体，全株的花先后开放。一般情况下，分枝越多，结实就越多。早熟结球白菜成株采种时，每个种株有 10 ~ 20 个花枝，中晚熟品种每株有 15 ~ 25 个花枝，主枝和一级分枝上的花数约占全株的 90%，结实率也高，占种子产量的 80% ~ 90%。

● 结荚期：从谢花后，果荚生长迅速，种子不断发育，最后达到成熟，此期为结荚期，需 25 ~ 30 天。这一时期花薹、花枝基本停止生长，果荚和种子旺盛生长，种子成熟后果荚枯黄。结荚期要防止植株过早衰老，也要防止种株贪青晚熟。当大部分花落，下部果荚生长充实时，即可减少浇水，并终止施用氮肥，直到大部分果荚，特别是上部的果荚变成黄绿色时即可收获。

3. 对环境条件的要求

（1）温度　结球白菜是半耐寒性植物，其生长要求温和冷凉的气候。生长期间的适温在 10 ~ 22 ℃。它的耐热力不强，当温度达 25 ℃以上时生长不良，达 30 ℃以上时则不能适应。短期 −2 ~ 0 ℃尚能恢复，−5 ~ −2 ℃则受冻害，耐凉爽但不耐严霜。结球白菜在各个时期对温度有不同的要求。

● 发芽期：发芽的温度范围为4 ~ 35 ℃。种子在8 ~ 10 ℃时即能缓慢发芽，但发芽势较弱。在20 ~ 25 ℃时发芽迅速而且幼苗强壮，出苗时间短，为发芽适温。温度达26 ~ 30 ℃时发芽更快，但幼芽虚弱，高于40 ℃时发芽率明显下降，而且发芽时间延长。

● 幼苗期：幼苗期对温度变化有较强的适应性，既可耐高温，又可忍耐一定的低温，适宜温度为20 ~ 25 ℃，可耐 –2 ℃的低温和28 ℃左右的高温。因此结球白菜除了秋季栽培外，也可夏季栽培，但当温度过高时生长不良，易发生病毒病。

● 莲座期：该期是形成同化器官的时期，要求较严格的温度，适宜温度为17 ~ 22 ℃。温度过高，莲座叶生长快但不健壮，温度过低，则生长迟缓。

● 结球期：是产品的形成期，对温度的要求最严格，适宜温度为12 ~ 22 ℃，昼夜温差以8 ~ 12 ℃为宜。北方这一时期的月均气温为12 ~ 16 ℃，此期日间温度较高，为16 ~ 25 ℃，光合作用强，夜间温度在5 ~ 15 ℃，有利于养分的积累。

● 休眠期：在休眠阶段为延长贮藏期，要将呼吸作用及蒸腾作用降到最小限度，以减少养分和水分的消耗，以0 ~ 2 ℃为宜。在 –2 ℃以下，易发生冻害，高于5 ℃，呼吸作用旺盛，消耗养分过多，容易腐烂。

● 抽薹期：虽然12 ~ 22 ℃最适合花薹的生长，但为了避免花薹徒长而造成发根缓慢等生长不平衡现象，以12 ~ 18 ℃为宜。温度过高，地上部分发育迅速，而根部生长缓慢，不易获得种子的高产。

● 开花期和结荚期：要求较高的温度，以月均气温 17 ~ 20 ℃最为适宜。月均气温在 17 ℃以下时，常有日间 15 ℃以下的低温而不能正常开花和授粉、受精的情况；月均气温在 22 ℃以上时，日间往往达到 30 ℃或以上的高温，使植株迅速衰老，不能充分长成饱满的种子，在高温时还可能出现畸形花而不能结实的情况。

（2）光照　结球白菜需要中等强度的光照，其光合作用光的补偿点较低，适于密植。但植株过密，光照不足，又会造成叶片变黄，叶肉薄，叶片趋于直立生长，大幅度减产。

（3）水分　结球白菜叶面积大，蒸腾耗水多，但根系较浅，不能充分利用土壤深层的水分，因此，生育期应供应充足的水分。而在不同的生育期，所需的水分情况是不同的。幼苗期应经常浇水，保持土壤湿润。若土壤干旱，极易因高温干旱而发生病毒病；在无雨的情况下，要及时浇水降温，加速出苗。莲座期应适当控水，浇水过多易引起徒长，影响包心。结球期应大量浇水，保证球叶迅速生长，但结球后期应少浇水，以免叶球开裂不利于贮藏。

（4）土壤　结球白菜对土壤的要求比较严格，以土层深厚、疏松肥沃、富含有机质的壤土和黏壤土为宜，适于中性偏酸的土壤。在疏松的沙壤土中根系发展快，幼苗及莲座生长迅速，但因保肥保水能力弱，到结球需要大量养分和水分时因供应不充分而生长不良，结球不坚实，产量低；在黏重的土壤中根系发展缓慢，幼苗及莲座叶生长缓慢，但到结球期因为土壤肥沃及保水能力强，容易获得高产，不过产品的含水量大，品质较差，往往软腐病严重。最适宜的土壤是肥沃而物理性良好的粉沙壤土、壤土及轻黏土，这样的土壤耕作便利，保肥保水良好，幼苗和莲座叶生长好，结球坚实，产量高，品质优良。

（5）矿质营养　结球白菜以叶为产品，对氮的要求最敏感。追施速效氮肥，对结球白菜生产有重要意义，可促进叶球的生长而提高产量。但是氮肥过多而磷、钾肥不足时白菜植株易徒长，叶大而薄，结球不紧，而且含水量很高，品质下降，抗病力也有所减弱。磷能促进叶原基的分化，使外叶生长快，球叶的分化增加，而且也促进磷向球叶运输。充分供给钾肥，结球白菜叶球充实，产量增加。由于结球白菜的个体和群体生长量很大，因而需要大量的氮、磷、钾等营养元素，每亩产 5 000 千克结球白菜，大约需要氮 7.5 千克、磷 3.5 千克、钾 10 千克，三种元素需要量的比例大体是 2 ∶ 1 ∶ 3。

结球白菜各时期对营养元素的吸收量，莲座期以前占总吸收量的 20%，结球期占总吸收量的 80%。各生育期对营养元素的吸收比例也不同，莲座期以前吸收氮最多，钾次之，磷最少。进入结球期后，钾的吸收最多，氮次之，磷最少。适当配合磷、钾肥，有提高抗病力、改善品质的功效。结球白菜对钙素反应敏感，若土壤中缺乏可供吸收的钙，则会诱发结球白菜干烧心病害。

（三）结球白菜生产的环境条件

参见“一、不结球白菜”相关内容。

（四）类型与品种

1. 类型

根据结球白菜进化过程以及叶球形态和生态特性，把结球白菜分为4个变种，其中结球变种又分为3个生态型。

（1）散叶变种 该变种是结球白菜的原始类型，顶芽不发达，叶片披张，不形成叶球。抗逆性强，纤维较多，品质差，食用部分为莲座叶，主要作为早熟菜栽培。代表品种为北京仙鹤白、山东莱芜白菜。

（2）半结球变种 该变种顶芽较发达，叶球松散，球顶开放，呈半结球状态。耐寒性较强，对肥水要求不严格，莲座叶和叶球同为产品，生长期60 ~ 80天，多分布在东北、西北和华北北部高寒地区。代表品种有辽宁兴城大矬菜、山西阳城大毛边等。

（3）花心变种 该变种顶芽发达，能形成坚实的叶球。球叶以裥皱方式抱合成坚实的叶球，但球顶不闭合，叶尖向外翻卷，翻卷部分呈黄、淡黄、白色。耐热性较强，生长期短，不耐贮藏，多用于夏秋早熟栽培，生长期60 ~ 80天。代表品种有北京翻心白、山东济南小白心等。

（4）结球变种 该变种是结球白菜进化的高级类型，球叶抱合形成坚实的叶球，球顶尖或钝圆，闭合或近于闭合。栽培普遍，要求较高的肥水条件和精细管理，产量高，品质好，耐贮藏。结球变种主要包括三个基本生态型及杂种类型。

● 卵圆型：叶球卵圆形，球顶尖或钝圆，球形指数1.5。球叶呈倒卵圆形、阔倒卵圆形，抱合方式为褶抱或合抱。球叶数较多，单叶较小，属叶数型。该种适宜于温和湿润的海洋性气候栽培，抗逆性较差，对肥水条件要求严格，品质好。多数品种生长期 100 ～ 110 天，少数早熟品种 70 ～ 80 天。代表品种有山东福山包头、胶县白菜、辽宁旅顺大小根等。

● 平头型：又称大陆性气候生态型。叶球上大下小，呈倒圆锥形，球顶平，完全闭合，球形指数近于 1。球叶较大，叶数较少，属叶重型。适宜于气候温和、昼夜温差较大、阳光充足的环境，对气温变化剧烈和空气干燥有一定的适应性，对肥水条件要求较严格。生长期多数品种为 90 ～ 120 天，少数早熟品种 70 ～ 80 天。代表品种有河南洛阳包头、山东冠县包头、山西太原包头等。

● 直筒型：又称交叉性气候生态型。叶球细长，圆筒形，球形指数在 3 以上，球顶尖，近于闭合。幼苗期叶披张，叶绿色至深绿色。球叶倒披针形，拧抱。这一类型原产于河北东部近渤海湾地区。此区为海洋和大陆交叉气候，因靠近蒙古，常受大陆性气候冲击，使该生态型形成了对气候适应性强的特点。生长期 60 ～ 90 天。代表品种有天津青麻叶、河北玉田包尖、辽宁河头白菜等。

● 杂种类型：结球白菜变种与其他变种或生态型间相互杂交，产生了一些杂交种类型，主要有平头直筒型、平头卵圆型、圆筒型、直筒花心型、花心卵圆型等。

2. 新优品种

（1）春结球白菜

● 京春白：系北京市农林科学院蔬菜研究中心育成的一代杂

种。株高约 38.3 厘米，开展度约 63.3 厘米。外叶绿色，叶柄白色。叶球合抱、紧实，球高约 27.3 厘米，横径约 17 厘米，球形指数 1.6，单株净菜重约 2.5 千克，品质好。亩产 6 500 ~ 7 000 千克。耐抽薹性强，抗霜霉病、软腐病和病毒病。

● 京春绿：系北京市农林科学院蔬菜研究中心育成的一代杂种。定植后 50 ~ 55 天收获。株高约 40 厘米，开展度约 60 厘米。外叶深绿色，球内叶浅黄色，叶球中桩合抱、紧实，球高约 26 厘米，横径约 14.3 厘米，球形指数 1.8，单株净菜重 2.2 千克左右，品质好。亩产 5 500 ~ 6 000 千克。耐抽薹性强，抗霜霉病、软腐病和病毒病。

● 京春 99：系北京市农林科学院蔬菜研究中心育成的一代杂种。定植后 45 ~ 50 天收获。株高 38 厘米，开展度 60 厘米。外叶绿色，叶球中桩合抱、紧实，球高 24 厘米，横径 16.4 厘米，球形指数 1.5，单株净菜重 2.1 千克，品质好。亩产 5 500 ~ 6 000 千克。耐抽薹性强，抗霜霉病、软腐病和病毒病。

● 豫新 5 号：系河南省农业科学院生物技术研究所育成的一代杂种。早熟，生育期 60 天。外叶绿色，叶球白色，半高桩、叠抱，球形指数 1.4，单球重 2 ~ 4 千克。抗抽薹，叶球整齐一致，商品性好，品质佳。高抗霜霉病、软腐病和病毒病。一般亩产 4 000 ~ 6 000 千克。

● 鲁春白 1 号：系青岛市农业科学研究所育成的一代杂种。株高约 40 厘米，开展度约 60 厘米，株形较开张。外叶深绿色，叶面细皱，叶柄白绿色、薄且平，叶球炮弹形，球顶舒心，球形指数 1.7，单球重约 2.5 千克，净菜率 70.4%。冬性较强，抗病。

春季种植，抽薹率仅0.16%。亩产5 000千克。在青岛地区可于3月底至4月初播种，6月上旬采收上市。

● 青研3号：系青岛市农业科学研究所育成的春结球白菜一代杂种。株形较直立，开展度约54厘米，株高约38厘米。外叶绿色，叶面较皱，叶长约32厘米、宽约27厘米，叶柄白绿色，平而薄。叶球炮弹形，球顶稍尖，球高约23厘米，横径约16厘米，球叶57片左右，单球重1.7千克左右。冬性极强，早熟，直播后60天收获。亩产4 500 ~ 5 000千克，综合抗病性强，风味品质好。

● 春宝黄白菜：引自韩国。该品种外叶绿色，内叶金黄色，既像白菜，更像鲜花，被誉为魅力满分、栽培容易的黄心品种。春播品种，春季育苗温度稳定保持在13 ℃（温度低于13 ℃时易造成抽薹）时抽薹稳定，低温弱光下结球力强，球叶数约62片，球高约30厘米，球径约20厘米，单球重4千克左右。早熟。

● 春结球白菜：引自韩国。株形紧凑，整齐；结球紧实，炮弹形；植株开展度约49厘米。叶球高约23厘米，横径约17厘米，平均单球重1.7千克，大的可达3千克以上。抗病力强，耐湿性好。生长速度快，3月中旬定植，4月底可采收。亩产2 500千克以上，适当延迟采收，产量还可提高。

（2）夏结球白菜

● 津夏1号：系天津市农业科学院蔬菜研究所育成的一代杂种。植株为矮桩头球类型，株高33厘米，开展度35厘米，株形半直立。外叶深绿色，球顶叠抱，球高22厘米。品质和风味好，粗纤维含量少，生食脆甜，熟食易烂。耐热、耐湿，抗霜霉病、软腐病和病毒病。早熟，生育期45天左右，单株重1.2千克左右，亩产 3 200 千克。

● 津夏 2 号：系天津市农业科学院蔬菜研究所育成的一代杂种。植株为矮桩头球类型，株高 34 厘米，开展度 38 厘米，株形半直立。外叶深绿色，球顶叠抱，球高 24 厘米，球形整齐美观。品质和风味好，粗纤维含量少，生食脆甜，熟食易烂。耐热，35 ℃高温下能正常结球。耐湿，抗霜霉病、软腐病和病毒病。早熟，生育期 45 ~ 50 天，单株重 1.3 千克左右。亩产 3 500 千克。

● 天正夏白 2 号：系山东省农业科学院蔬菜研究所育成的一代杂种。株高约 30 厘米，开展度约 40 厘米。白帮，叶色绿，叶球卵圆形，单球重 1.0 ~ 1.2 千克，净菜率 55%，软叶率 60.7%，品质佳，生长期 45 ~ 50 天，抗霜霉病、病毒病和软腐病。净菜亩产 3 000 千克。

● 豫园 50 大白菜：系河南省农业科学院生物技术研究所育成的一代杂种。外叶深绿色，叶球白色，半高桩、叠抱，球形指数 1.4，单球重 1 ~ 2 千克。口感好，品质佳。高抗霜霉病、软腐病和病毒病。抗热，极早熟，生育期 45 ~ 50 天。一般亩产 4 000 ~ 6 000 千克。

● 夏日 1 号：该品种是利用中国台湾的夏心、夏球和泰国的正大 23 号选出的自交系配成的三交种。该品种叠抱，叶球呈倒锥形，白色，外叶深绿色，光滑无毛，单球重 1 千克左右。耐热、耐湿，在夏季生长快，一般 45 天成球，在高温多雨的条件下仍能生长良好。在春秋气温低时不能栽培，若不能保持土壤湿润，则生长缓慢，抗病性强。

● 津白 45：系天津市农业科学院蔬菜研究所育成的一代杂

种。植株为中桩类型，株高约36厘米，叶球近似筒形，中部稍粗，球高约31厘米，开展度约40厘米，单株重1.0 ~ 1.5千克，株形直立，紧凑，适合密植。外叶绿色，中肋白色，结球紧实。品质好，耐热性强，抗霜霉病和病毒病，生育期45天左右。亩产4 500 ~ 5 500千克。

● 北京小杂56：系北京市农林科学院蔬菜研究所育成的杂交一代种。株高40 ~ 45厘米，开展度60厘米左右。外叶浅绿色，心叶黄色，叶柄白色、较薄，叶球中高桩，外展内抱，球形指数2.1。平均单株重2.5千克，净菜重2千克，净菜率80%。该品种抗病，耐热、耐湿，品质中上，商品性好，适应性广。早熟，生长期50 ~ 60天。亩产4 000 ~ 5 000千克。

● 青研1号：系青岛市农业科学院育成的伏白菜一代杂种。具有耐热、早熟、抗病、优质等特点。该品种植株较开张，开展度约56厘米，株高约35厘米。外叶色较深，叶面稍皱，刺毛稀少，叶长约36厘米，叶宽约26厘米，叶柄稍厚，白绿色，叶球近椭圆形，淡绿色，球顶平圆，叠抱，球高约21.04厘米，直径约13.6厘米，球叶约26片，净菜率72.73%，单球重1.2千克。播后45 ~ 50天成熟。亩产净菜3 110 ~ 3 346千克，品质良好。

（3）秋结球白菜

● 鲁白1号：系山东省农业科学院蔬菜研究所研制成的一代杂种。株高45厘米左右，开展度68 ~ 78厘米。外叶深绿色，叶面皱，叶柄白色，叶球倒锥形，叠抱，高38厘米左右，横径30厘米，单株重5 ~ 6千克，净菜率75.9%，品质好。抗霜霉病和病毒病。中早熟，生长期70 ~ 75天。亩产6 000千克以上。

适于山东、江苏、华北及西北地区栽培。

● 鲁白 2 号：系山东省农业科学院蔬菜研究所研制的一代杂种。株高 40 厘米左右，开展度 64 ~ 71 厘米。外叶绿色，叶面平展，叶柄白色，叶球矮炮弹形，合抱，球顶抱合，单株重 5 ~ 6 千克，净菜率 80% 以上。叶帮薄，根细。中早熟，生长期 70 ~ 75 天。亩产 6 000 千克左右。适宜栽培地区同鲁白 1 号。

● 青研 2 号：系青岛市农业科学院育成的伏白菜一代杂种。植株较开张，开展度约 69 厘米，株高约 40 厘米。外叶绿色，皱缩，叶柄较薄、较凹，浅绿色，叶球圆筒形，下部稍细，浅黄绿色，球顶平圆，球叶约 52 片，叠抱，球纵径约 29 厘米，横径约 25 厘米，单球重 4.7 千克左右。风味品质良好。高抗病毒病，抗霜霉病、软腐病。中晚熟。丰产，亩产 7 200 ~ 8 300 千克，耐贮藏。

● 青绿白菜：系辽宁省农业科学院蔬菜研究所育成的一代杂种。生育期 80 ~ 85 天。植株生长势强，整齐，株高约 49 厘米，开展度约 53 厘米。叶色深绿，叶面皱缩，叶球色泽白，球高 41 厘米，横径约 18 厘米，品质好，风味佳，对病毒病、霜霉病、软腐病有较强的抗性。亩产 8 000 千克左右。

● 辽白 8 号：系辽宁省农业科学院蔬菜研究所育成的一代杂种。植株生长势较强，外叶 13 片，生育期 70 ~ 75 天，株高约 53 厘米，开展度约 61 厘米。叶色绿，青白帮，叶面皱缩，稍有蜡粉，球高约 49 厘米，横径约 15 厘米，单球重 2.7 千克左右。纤维含量少，品质好，较抗病毒病、霜霉病、白斑病。平均亩产 7 000 千克。苗期抗热能力强，生育后期耐低温能力强。

● 豫白菜 6 号：系郑州市蔬菜研究所育成的一代杂种。株高约 43 厘米，开展度 70 厘米。叶帮白色，宽而薄且短，外叶浅绿色，叶片大，一叶盖顶，最大叶宽 43 厘米，叶长约 50 厘米，叶球黄白色，球高约 28 厘米，横径约 26 厘米，球形指数 1.1，叶球倒三角形，单株净重 4.7 ~ 5.6 千克。生育期 75 天左右。食用风味好，高抗黑斑病、霜霉病、软腐病。亩产 7 000 ~ 7 800 千克。

● 秋绿 55：系天津市农业科学院蔬菜研究所育成的一代杂种。株形直立，紧凑，株高约 45 厘米，开展度约 46 厘米，外叶少，深绿色，球高约 36 厘米，单球重 1.5 ~ 2.0 千克。球顶花心，叶纹适中。品质和口感均好，粗纤维含量少，抗病毒病、霜霉病、软腐病。早熟，生育期 55 ~ 60 天。亩产 5 500 千克左右。

● 超白 2 号：系山东省农业科学院蔬菜研究所育成的一代杂种。早中熟，植株高约 34 厘米，开展度 54 ~ 55 厘米。叶球合抱，矮桩炮弹形，球叶白帮，净菜率 78%，单球重 3.0 ~ 3.5 千克。高抗病毒病、霜霉病、软腐病和黑斑病。

● 天正秋白 1 号：系山东省农业科学院蔬菜研究所育成的一代杂种。植株高约 44 厘米，开展度约 70 厘米。叶球叠抱，矮桩倒锥型，叶色淡绿，白帮，净菜率 75%，单球重 5.1 千克左右。中晚熟，生长期 80 天。高抗病毒病、霜霉病、软腐病。

● 京秋 56 号：系北京市农林科学院蔬菜研究所育成的一代杂种。早熟，生长期 55 ~ 60 天。株形较直立。外叶绿色，叶柄白色，叶球中桩，舒心，心叶黄色，球高约 29 厘米，横径约 17 厘米，单株重 1.8 千克左右。耐热，抗病毒病、软腐病，耐霜霉病，品质好。亩产净菜 5 000 ~ 5 500 千克。

● 青杂中丰：系山东省青岛市农业科学院育成的一代杂种。

株高约45厘米，开展度90厘米左右。叶面较平，浅绿色，叶球黄绿色，球顶尖圆，呈炮弹形，单球重6.6千克左右，净菜率70%以上。品质中等，耐藏，较抗霜霉病，不抗软腐病和病毒病。该品种中晚熟，生育期85 ~ 90天。亩产5 000千克左右。

● 青杂3号：系山东省青岛市农业科学院育成的一代杂种。株高49厘米，开展度90厘米左右。外叶深绿色，叶面较皱，叶球略似炮弹形，浅绿色，球顶较圆，单株重5千克。该品种抗病性强。晚熟。亩产5 000 ~ 8 000千克。

● 北京小杂65：系北京市农林科学院蔬菜研究所育成的一代杂种。株高约40厘米，开展度60厘米左右。外叶绿色，心叶浅绿白色，叶柄白色，叶球中桩叠抱，球形指数1.6，单株重3千克左右，净菜重约2.5千克，净菜率80%以上，品质中上。耐热，抗病。早熟，生长期60 ~ 70天。亩产5 000千克左右。

● 沈农超级白菜：系沈阳农业大学育成的一代杂种。生育期75天左右。青白帮，直筒形，叶球短粗，球形指数2.5，结球紧实，单球重2.5千克左右，纤维少，风味佳。抗霜霉病和病毒病，耐白斑病、黑斑病和软腐病。

● 中白65：系中国农业科学院蔬菜花卉研究所育成的一代杂种。外叶绿色，球叶白绿，叶球矮桩，叠抱。叶球高约24厘米，横径22厘米，单株重约2.2千克。中早熟，生长期60天。抗病毒病、霜霉病、软腐病。

● 中白50：系中国农业科学院蔬菜花卉研究所育成的一代杂种。株形直立。外叶绿色，光滑无毛，叶柄白绿，叶球高30厘米，横径11厘米，单株重1.1千克。早熟，耐热，生长期

50 ~ 60 天。高抗病毒病，抗霜霉病、黑斑病。生长快，结球迅速，成熟后叶球不易开裂。

● 中白 83：系中国农业科学院蔬菜花卉研究所育成的一代杂种。中晚熟，生长期 85 天。外叶绿色，球叶浅绿，叶球平头，矮桩、叠抱。外叶少，结球性好，叶球高约 29 厘米，横径约 32 厘米，单株重 4.9 千克左右。抗病毒病、霜霉病和黑斑病。

● 豫新 2 号：系河南省农业科学院生物技术研究所育成的一代杂种。生育期 80 天。株高 55 厘米，开展度 80 厘米。外叶深绿色，叶球半高桩、叠抱，绿白色，球形指数 1.53，单球重 5 ~ 7 千克。品性好，食用风味佳，耐贮藏运输。高抗病毒病、霜霉病和黑斑病。亩产净菜 8 000 ~ 10 000 千克。

（五）栽培技术

我国各地的结球白菜均以秋季栽培为主。华北地区多在初秋播种，初冬收获。西北、东北等高纬度地区，在晚夏播种，晚秋收获。南方亚热带地区可在中秋至初冬播种，整个冬季均可收获。目前为了满足人们对结球白菜周年供应的需求，各地开始在春季栽培，夏季收获；或夏季播种，早秋收获。

1. 秋冬栽培

结球白菜秋冬栽培是我国传统的栽培方式，该茬口结球白菜的生长前期在温度较高的季节，而结球期在较冷凉的季节，其温度环境非常适合结球白菜的需求，所以较易获得丰产、优质的产品。

（1）播期确定 我国各地气候差异极大，加上各地应用的结球白菜品种的生长期各异，所以栽培季节和播种期差异较大。安排播种期时，应以结球白菜收获期在 −2 ℃以下寒流侵袭之前，前推一个生长季为准。若播种过早，则结球白菜生育前期处在炎热季节的时间加长，因环境温度过高，而生长发育不良，最严重的是加重了病毒病的发生，很容易导致大幅度减产。而播种期过晚，虽然病害大大减轻，但由于生长期大大缩短，叶球不能充分生长，包心不紧实，会降低产量和品质。因此，各地必须结合当地的气候特点和品种特性，适时安排结球白菜的播种期。

一般华北地区的结球白菜播种，多在 8 月上中旬；长江流域多在 8 月下旬；西南、华南地区在 8—11 月均可播种；东北、西北高寒地区可提前至 7 月份播种。

（2）品种选择 华北地区结球白菜生产，用于供应秋末冬初市场时，宜选用耐热性强、生长期短的早熟品种，如豫白 2 号、北京小杂 56 等；用于贮藏，供冬春市场时，宜选用生长期长、高产、耐贮藏的晚熟品种，如中白 83、鲁白 3 号等。此外，还应根据当地生长季节的长短、气候条件的变化、栽培条件的好坏、病害发生情况及消费习惯等选择适宜的品种，以获得较高的效益。

（3）整地施肥 结球白菜需肥水很多，但根系较浅，不能利用土壤深层的水分和养分。因此，宜选用肥沃且保水保肥能力很强的土壤。为了促进结球白菜浅土层根系更加发达，尽可能增加深土层根系的分布，需要对土壤进行翻耕。在前作腾茬后，应立即深翻，结合翻地，每亩施腐熟有机肥 5 000 千克、过磷酸钙 50 千克、尿素 20 千克，或复合肥 25 千克。翻地后耙平做畦或垄。在干旱地区宜用平畦，在多雨、地下水位较高、病害严重的地区宜用高畦或高垄栽培。平畦的畦宽一般为 1.2 ～ 1.5 米，根据结球白菜行距，每畦栽 2 ～ 4 行。高垄垄高 20 厘米，畦宽 1.2 ～ 1.8 米，以保证排灌水方便为度。畦长以方便而定。

（4）播种 结球白菜播种有直播和育苗移栽两种方式。直播方法简便、省工，直播的结球白菜根多，入土深，抗旱力强，生长快，但是播种期要求严格，苗期遇不良气候则较难控制。一般育苗移栽节约苗期占地，苗期管理方便，利于前茬作物的延后生长，可控制或减轻病毒病的发生，但较费工，且根系受损伤，易发生软腐病，栽后有缓苗期，延缓了生长。直播与育苗移栽各有利弊，应根据实际情况而定，灵活运用。

● 直播及出苗前后的管理：直播有条播和穴播两种方法。条播，按行距划 2 ～ 3 厘米的浅沟，将种子均匀地撒在沟里，并用细土覆盖。穴播，在行内按株距挖深 2 ～ 3 厘米的穴并点播 2 ～ 3 粒种子，后覆细土。无论用哪种方法，均要求播种均匀，覆土厚度 1 厘米左右。直播每亩用种量为 150 ～ 200 克。

直播法保证苗全、苗旺的关键是土壤墒情好。平畦播前应先浇水造墒，高垄应少量浇水后再播种。也可在播种后覆上较厚的土保墒，待出苗前将多余的土搂去。天气干旱的年份，播种后要及时浇水润垄，保持垄面湿润。播后及出苗期少量多次浇水，有降低地温、防止幼芽灼伤的作用。

● 育苗及苗床管理：育苗所用的苗床应及早准备。宜选用地势高燥、易灌能排、距栽培地近、前茬不是十字花科蔬菜的地块。苗床地施腐熟有机肥，浅翻、耙平，做成平畦。平畦育苗多用撒播法，每平方米床面播种子 2 ～ 3 克，覆细土 1 厘米。亦可用营养钵育苗，钵内装入配制好的营养土，浇透水后，每钵内点播种子 2 ～ 3 粒。

出芽前午间可用遮阳网覆盖遮阴，防强烈日光暴晒。出芽前后勿浇大水，防止土面板结。如果天气高温干旱，则可少量浇水或喷水，以保持土壤湿润和降低土面温度。若采用冷纱遮阴育苗，则效果更好。

（5）苗期管理

● 浇水与排水：幼苗期植株的生长量不大，但由于根系小，吸收水分和养分的能力弱，必须及时浇水，并少量追肥。天气干旱时应 2 ～ 3 天浇一次水，保持地面湿润。如有杂草，浅锄后 1 ～ 2 天内随之浇水。此期浇水的主要目的是降低地温，防止高温灼伤幼苗。育苗床遇高温干旱天气，除及时浇水外，还可在中午遮阴降温。苗期遇多雨积涝，除应及时排涝外，还要抓紧中耕松土，增强土壤透气性。为保证幼苗营养充足，可随播种时施入种肥，每亩施尿素或复合肥 10 千克。至幼苗具 2 ～ 3 片真叶时，对田间生长偏弱的小苗施偏心肥 1 ～ 2 次，促其快长，使田间幼苗生长整齐一致。

● 防治蚜虫：蚜虫是结球白菜病毒病的主要传毒媒介，宜搞好苗期蚜虫防治。生产绿色食品蔬菜，应以物理防治为主，最好采用纱网覆盖育苗，防止蚜虫侵入苗床；亦可在出苗后，于苗畦内张挂银灰薄膜避蚜，或用黄色诱虫板粘蚜。

● 间苗与定苗：齐苗后，可于子叶期、“拉十字”期和 3 ～ 4 片真叶期间苗。在育苗床内，最后一次间苗苗距应达到 10 厘米左右。在营养钵内育苗时，每钵只留1苗。直播者，在幼苗具5～6片叶时定苗。在高温干旱年份，应适当晚间苗、晚定苗，使苗较密集，用以遮盖地面，以降低地温和减轻病毒病发生。另外，田间缺苗时，应及早挪用大苗进行补苗。补苗应在下午进行，补后及时浇水。每次间苗、定苗后，应立即浇水，防止幼苗根系松动影响吸水而萎蔫。

● 移苗定植：育苗移栽时，苗龄不宜过大，一般以15～20天苗龄，幼苗有5～6片真叶时为移栽适期。苗龄过大，移栽后缓苗慢，延缓生长和结球。移栽最好在阴天下午进行，起苗多带土少伤根系，移栽后立即浇水。

● 合理密植：结球白菜合理密植是提高产量和商品质量的重要措施。密度过大，植株数增多，单位面积产量较高，但很多植株因营养面积太小，单株重量小，或不能结球，致商品率下降；密度过小，单株重量增加，商品率提高，但总产量下降。合理密植的指标以植株所占的营养面积约等于或稍小于莲座叶丛垂直投影的分布面积为宜。

不同的品种莲座叶形状不同，合理密度各不相同。一般花心变种的株行距为（40～45）厘米×（50～60）厘米，每亩2 500株左右。直筒型及小型卵圆型和平头型品种的株行距为（45～55）厘米×（55～60）厘米，每亩2 200～2 300株。大型的卵圆型和平头型品种的株行距为（60～70）厘米×（65～80）厘米，每亩1 300株左右。

（6）莲座期管理 此期栽培措施的关键，是既要保证莲座叶的发达，同时又要防止其过旺，保证及时充分地发生球叶。

为了充分供给莲座叶生长所需的水分和养分，在定苗后追施一次“发棵肥”，每亩施尿素 15 千克，随即浇水。此肥在结球白菜团棵时正好发生肥效，可有效地促进第二至第三莲座叶环的生长。以后按墒情每隔 5 ~ 6 天浇水一次，保持土壤见干见湿。莲座后期应适度控水，进行“蹲苗”。蹲苗与否应灵活掌握。当莲座叶生长过旺，气候适宜时可以蹲苗；如果莲座叶生长不旺，则没有必要蹲苗，特别是在土壤瘠薄、施肥不足、天气干旱或发生病虫害时，莲座叶生长不良，更不可进行蹲苗，否则会加重病毒病发生。

未封垄前仍要中耕除草，在晴天、干燥、叶片较软时进行，以免损伤叶片。掌握“深锄沟，浅锄背”的原则，封垄后不再中耕。

（7）结球期管理

● 浇水：在结球期要大量浇水，每隔 5 ~ 6 天浇水一次，保持土面湿润，见湿不见干，保证球叶旺盛生长发育的需要。在收获前 5 ~ 8 天停止浇水，可降低叶球的含水量，提高耐藏性。

● 施肥：结球前期莲座叶和外层球叶同时旺盛生长，需肥较多。因此，在包心开始的前几天应大量追肥。一般每亩施用腐熟的有机肥 3 000 ~ 4 500 千克，或豆饼 50 ~ 100 千克，或复合肥 25 千克。可开沟沟施，或单株穴施。

结球中期，内部叶片继续长大，充实叶球，应追施速效肥料。一般在包心后 15 ~ 20 天追“补充肥”，可随水冲施腐熟的豆饼水 2 ~ 3 次，也可每亩追施复合肥 15 千克或硫酸钾 10 千克，但必须在收获前 30 天使用。结球白菜早熟品种作为绿色食品蔬菜生产时，至结球中期后，不得再使用化学肥料。

● 束叶：结球白菜在收获前 7 ~ 10 天，将莲座叶扶起，抱住叶球，然后用草绳将叶束住，以保护叶球，免受冻害，也可减少收获时叶片的损伤。束叶还有软化叶球，改善品质的作用，而且便于收获、运输和贮藏。但是，束叶后莲座叶的光合作用受到很大影响，所以过早束叶不利于养分的制造，不利于叶球的充实，更不能达到促进结球的目的。

（8）收获 用于冬贮的晚熟品种，应在低于 –2 ℃以下的寒流侵袭之前数天收获。收获过晚，在较长时间的低温下，受冻害则不能恢复。收获过早，外界气温过高不利贮藏，而且会影响产量。收获时，应连根拔出，堆放在田间，球顶朝外，根向里，以防冻害。晾晒数天，待天气转冷再入窖贮藏。

2. 夏秋栽培

夏结球白菜栽培时期正处于高温、干旱、雨涝、病虫害严重的季节，昼夜温差小，最低气温接近或超过结球白菜结球期的温度上限，不利于生长发育。但是，夏结球白菜的上市期正值夏菜之末，冬菜尚未上市的秋中淡季，对于弥补市场供应空缺和满足人们对结球白菜周年供应的要求有一定的作用。

（1）栽培季节 华北地区，一般在 5—7 月播种，在 7—9 月上市。长江以南地区应在 7—8 月间播种，10 月 1 日前上市。

（2）品种选择 夏秋结球白菜应选择早熟、生长迅速、生长期短、耐热耐涝、抗病、结球速度快的品种。目前大面积栽培的有北京小杂 56、山东 6 号、浙江早熟 5 号、厦门的夏阳和豫园 50 大白菜等品种。

（3）整地施肥　夏秋之交，雨多量大，应选地势高燥、易灌易排、不积涝的地块栽培。为使结球白菜迅速生长，土壤应肥沃，保水保肥性能良好。播种前如遇干旱，可提前 3 ~ 4 天灌透水，每亩施腐熟有机肥 3 000 千克，深翻，做成高垄或高畦。

（4）播种　夏秋结球白菜一般采用直播。为了便于集中管理，保证全苗和节约用种，亦可用育苗移栽，但最好用营养土块或营养钵育苗。若育苗畦采用纱网遮阴和驱避蚜虫，则效果更好。一般播种后 10 ~ 15 天，幼苗具 2 ~ 3 片真叶时，在晴天下午或阴天时带土移栽。

（5）合理密植　夏秋结球白菜品种，多为株形紧凑、开展度小的早熟种。一般株幅 45 ~ 50 厘米，外叶 8 ~ 12 片，有利于密植。故合理密植是高产的有效途径。一般行距 45 ~ 50 厘米，株距 30 ~ 35 厘米，每亩 3 300 ~ 4 000 株。

（6）肥水管理　夏秋结球白菜生长期短，生长迅速，从播种至收获需 50 ~ 55 天，没有明显的莲座期，属于外叶与球叶同时生长的“莲心状”型。因此，在管理上应肥水猛攻，一促到底，不蹲苗，不追施迟效肥料。间苗后追施腐熟的有机肥，每亩 1 000 千克，或尿素 10 千克。定苗后与植株封行时，各追一次重肥，每亩施腐熟的有机肥 1 500 ~ 2 000 千克，或配施复合肥 15 ~ 20 千克。结球期如肥水不足，可再追腐熟的豆饼水，每亩 20 千克豆饼。

注意：后期追施化学肥料时，施肥时间应距收获期30天以上。

由于夏秋结球白菜生长期正值炎夏、初秋的高温时期，水分蒸发量大，需水十分多。如果水分不足，则球叶松散，产量锐减，故应及时大量灌水。灌水还有降低地温的作用。灌水除了要结合追肥外，宜在傍晚进行，以满足植株夜间迅速生长的需要。灌水应保证地面见湿不见干，经常处在湿润状态。雨季应及时排水，防止涝害。

（7）防治病虫害 夏秋结球白菜的虫害很多，蚜虫、小菜蛾、菜螟、菜粉蝶等十分严重。病害中软腐病、病毒病常常是导致绝产的致命病害，应加紧防治。夏秋结球白菜栽培的成功与否，关键看病虫害防治的及时与不及时。

（8）收获 夏秋结球白菜在播种后50天左右，结球紧实后，应及时采收上市。采收过迟，经济效益降低，而且由于天气炎热，遭受病虫危害的机会增加，腐烂风险加大。一般亩产3 000 ~ 5 000千克。

3. 春季栽培

结球白菜春季栽培一般在早春育苗或直播，春夏季节上市，对克服春夏蔬菜供应淡季、增加蔬菜花色品种有重要作用。

（1）品种选择 春结球白菜适宜的生长季节较短，结球期温度高，故应选择生长期短的早熟品种。春结球白菜生育前期温度较低，植株易通过春化阶段，故应选用冬性强、不易抽薹的品种。目前常用的有京春白、北京小杂55、鲁春白1号以及韩国的健春等品种。

（2）播种　结球白菜在 2 ~ 10 ℃的温度下，经过 10 ~ 15 天即可通过春化阶段，再遇到高温和长日照条件就要抽薹开花。因此，育苗时应防止温度低于 15 ℃，定植到田间后，夜间温度不能低于 10 ℃。春结球白菜一般为露地栽培，但可利用保护设施育苗。华北地区多在气温较高的 4 月上中旬露地育苗或直播，此期温度已不低，一般不会因低温而抽薹；亦可在 3 月份利用阳畦或小拱棚育苗，4 月份定植于露地。

育苗时，尽量调控温度在适宜范围内。既不要过高，造成徒长；又不要过低，引起先期抽薹。

定植期过晚，影响上市期，降低经济效益。定植期过早，外界气温较低，易引起先期抽薹。适宜的定植期是夜温不低于 8 ℃时。

（3）密植　留苗密度应比秋冬结球白菜增加 1 倍，以便拔除心叶有明显蜡粉的先期抽薹植株，作为绿叶菜食用，而保留抽薹迟的植株结球。

（4）肥水管理　除了施足腐熟有机肥作基肥外，生长期应及时追施速效化肥，及时灌水，不可蹲苗，促使迅速形成莲座叶和叶球，使营养生长超过生殖生长，抑制发育，防止抽薹。

（5）防治病虫害　春结球白菜虫害严重，应及时防治病虫害。

（6）收获　春结球白菜播种越早，抽薹的可能性越大。收获后期抽薹是很难避免的。为改善食用品质，应在花茎抽出前及时收获上市。防止抽薹很长后再收获，影响食用。

（六）结球白菜生长不良的原因与对策

1. 先期抽薹现象

结球白菜在营养生长期就抽薹开花，以致影响商品价值的现象，称为先期抽薹。一般结球白菜在营养生长后期茎顶端即已分化为花芽，但由于环境条件不适不能抽薹开花，故不影响商品价值。如果在收获时已抽薹，则易引起叶球开裂，降低食用品质。在生产中，先期抽薹现象比较普通，在很多地区影响了生产效益。

结球白菜在 10 ℃以下，经过 10 ～ 30 天就可以通过春化阶段而抽薹开花。一般早熟品种和冬性较弱的品种，对温度条件的要求更不严格，较易通过春化阶段。因此，在春结球白菜栽培中，凡播种较早的，抽薹开花的可能性很大。在秋播栽培中，一些早熟品种、冬性弱的品种在夏秋冷凉的地区、山区栽培时，也很容易形成先期抽薹。

防止先期抽薹的措施首先是选用冬性强的品种。其次是安排好播种期，尤其是早春栽培的结球白菜，若播种过早，则幼苗期的温度过低，极易通过春化阶段而抽薹。第三，结球白菜生育期间，加强肥水管理，促进营养生长，也可延缓先期抽薹。所以适当增施氮肥，结球期保证水分供应，均可防止和减轻先期抽薹现象。相反，干旱、缺肥均会加重先期抽薹的发生。第四，陈旧的种子发芽势弱，幼苗生长发育迟缓，先期抽薹现象比新种子要严重。

2. 不结球现象

结球白菜在不正常的条件下不形成叶球或结球松散，失去食用价值。在同一田块中，有时会出现部分不结球或结球不紧密现象，其原因主要有以下几种：

（1）种子不纯　结球白菜与其他散叶品种及半结球品种易杂交，杂交后的种子往往不结球。

（2）播种期不当　在秋播结球白菜时，播种期过晚，生长期不足，会造成结球松散或不结球。春播结球白菜播种过迟，结球期天气炎热，不利于结球，亦会造成不结球或结球松散。

（3）气候条件不适　秋播结球白菜在晚秋阴雨过多、阳光不足时，或气温过低、影响结球白菜生育时，会造成不结球或结球不紧密。

（4）田间管理不当　肥水不足，病虫危害也可造成不结球或结球不紧密。

防止结球白菜不结球和结球不紧密的措施主要是针对发生原因进行科学处理。

3. 叶球不整齐

结球白菜叶球大小悬殊太大，单株重和球形极不一致，称为叶球不整齐。这种现象目前发生较普遍，严重地影响了经济效益。在常规品种中，叶球不整齐现象较多。主要是种性退化、分离、变异等原因造成的。在杂交一代种中如发生这种现象，则往往是自交系不纯，或杂交制种时，有其他品种花粉传入以及自交所致。防止的措施是菜农尽量利用杂交一代种，而制种单位在生产杂交一代种时，应严格加强制种措施，防止混杂。

4. 叶球开裂

结球白菜结球后期，叶球裂开，不但影响食用品质，而且易感染病菌，造成腐烂。叶球开裂主要是在叶球形成过程中，遇到高温及水分过多的环境，致使叶球外侧叶片已充分成熟后，内部叶片继续生长，而外侧叶片又不能相应地生长，于是产生裂球。一般早熟品种若采收不及时，则易发生裂球。

克服裂球的措施是及时采收；在结球过程中，肥水供应应均匀，勿忽旱忽涝；也可在结球后期，割取外叶作为饲料，以减缓内叶的生长。另外，也可用切根的方法防止裂球。

（七）病虫害防治

1. 病害

（1）结球白菜黑斑病

● 症状：主要发生在外叶上，初生水渍状圆形或近圆形小斑点，扩大后成为多角形或不规则形浅黄白色斑，大小 0.5 ~ 6.0 毫米。有的受叶脉限制，病斑略凸起。

● 发生特点：病菌主要以菌丝块在病残体上越冬，也可以随种子传播。每当温暖多雨天气出现，病部产生大量分生孢子随风飞散到白菜叶片上进行初侵染和再侵染。病菌发育适温为 25 ~ 30 ℃，空气相对湿度为 98% ~ 100%。病残体上的病菌，往往随叶片腐烂而死亡。

一般重茬地、与早熟白菜相邻的田块易发病。尤其是氮肥施用过多，田间湿度高的黏土地或下湿地、背阴或排水不良地块发病重。

● 防治方法：参见“不结球白菜黑斑病”。

（2）结球白菜黑腐病

● 症状：白菜叶柄外壁接近地面菜帮上，生有褐色或黑褐色凹陷斑，周缘不大明显，湿度大时，病斑上出现褐色或黄褐色蛛网状菌丝及菌核，发病重的叶柄基部逐渐腐烂，或病叶发黄脱落。该病除危害白菜外，还侵染甘蓝、黄瓜、菜豆、葱、莴苣、茼蒿及茄科蔬菜，引起立枯病或丝核菌猝倒病。

● 发生特点：主要以菌核随病残体在土中越冬，在土壤中可营腐生生活，一般可存活 2 ~ 3 年。菌核萌发后产生菌丝，与白菜受害部位接触后直接侵入致病，借雨水、灌溉水、农具及带菌肥料传播扩大危害。菜地积水或湿度大，通透性差，栽植过深，培土过多过湿，施用未充分腐熟的有机肥发病重。

● 防治方法：① 摘除近地面的病叶，带出田外深埋或销毁。② 发病初期喷洒 14% 络氨铜水剂 350 倍液，每亩喷洒药液 50 升，隔 10 天左右一次，连续防治 2 ~ 3 次，有较好的防治效果。

（3）结球白菜灰霉病

● 症状：主要危害叶片及花序。病部变淡褐色，稍软化，且逐渐腐烂，潮湿时病部长出灰色霉状物，不堪食用。贮藏期主要侵害菜帮，病部由外向内扩展，初呈水渍状稍软化椭圆形斑，后形成大块不整形斑，湿度大时病部长出灰霉，即病菌子实体。后病部逐渐腐败或波及邻株。干燥条件下，不长灰霉，易与软腐病混淆，但该病不臭，有别于软腐病。

● 发生特点：以菌丝体、菌核在土壤中，或以分生孢子在病残体上越冬。翌年分生孢子随气流及露珠或农事操作而传播蔓延。适温及高湿条件，特别是阴雨连绵或冷凉高湿，或贮藏窖内湿度大且通透性差，易诱发致病。

● 防治方法：① 加强肥水管理，露地种植注意清沟排渍，勿浇水过度，增施有机肥及磷、钾肥，避免偏施氮肥。② 注意田间卫生，及时收集病残物烧毁。③ 窖温控制在 0 ℃左右，防止湿度过高或高湿持续时间过长，以减少贮藏期发病。

（4）结球白菜萎蔫病

● 症状：苗期即见发病。定苗或栽植后生长缓慢，叶片褪绿，整株叶片萎蔫，似缺水状，拔起病株，须根少，剖开主根，维管束变褐。莲座后到包心初期叶片开始黄化，进入包心中期，老叶叶脉间褪色变黄，叶脉四周多保持深绿色，后叶缘失水皱缩且向内卷曲，致植株呈萎缩状态。

● 发生特点：腐霉菌在土壤中生存，遇干旱的年份，土壤温度过高，或持续时间过长，使分布在耕作层的根系造成灼伤，次生根延伸缓慢，不仅影响幼苗水分吸收，还会使根逐渐木栓化而引致发病。

● 防治方法：① 选用抗病品种。② 适期播种，一般不要过早，尽量躲过高温干旱季节。③ 加强田间管理。适度蹲苗，防止苗期土壤干旱，遇苗期干旱年份，地温过高宜勤浇水降温，确保根系正常发育。

（5）结球白菜细菌性角斑病

● 症状：初于叶背现水渍状叶肉稍凹陷斑，后扩大并受叶脉限制呈膜状不规则角斑，病斑大小不等，叶面病斑呈灰褐色油渍状，湿度大时，叶背病斑上溢出污白色菌脓；干燥时，病部易干、质脆，呈开裂或穿孔状。该病主要危害叶片薄壁组织，叶脉不易受害。白菜苗期至莲座期或包心初期，外部 3 ~ 4 层叶片染病后呈急性型发病，出现水渍薄膜状腐烂，病叶呈铁锈色或褐色干枯，后病部破裂、脱落形成穿孔，残留叶脉。

● 发生特点：病菌可在种子及病残体上越冬，借风雨、灌溉水传播蔓延。病菌发育适温为 25 ~ 27 ℃，48 ~ 49 ℃经 10 分钟死亡。苗期至莲座期阴雨或降雨天气多时，雨后易见此病发生和蔓延。

● 防治方法：① 轮作。② 选用抗病品种，白帮较青帮类型抗病。建立无病留种田，选用无病种子。加强田间管理。③ 发病初期喷洒 14% 络氨铜水剂 350 倍液，但对铜剂敏感的品种须慎用。

（6）结球白菜干烧心

● 症状：该病主要发生在球叶部分。球叶外观正常，剥开球叶，可见内部叶片局部黄化，叶肉呈纸状，叶组织呈水渍状，叶脉暗褐色，病部汁液发黏，但无臭味，病部与健部分界清晰，有时出现干腐或湿腐。贮藏期间由于杂菌腐生，易腐烂。

● 发生特点：结球白菜干烧心目前多数人认为是生理性病害，由植株生长快而土壤中钙供应不足或不及时所造成。在含盐较高的地块，大量使用化肥，氮肥过多，结球期缺水，蹲苗时间过长等均可能影响钙的吸收，尽管土壤中有可溶性钙，但仍会引起干烧心。

● 防治方法：① 选用抗病品种。② 施用腐熟有机肥，避免氮肥过多，搭配施用磷、钾肥，并及时灌水；适当蹲苗；及时中耕。

其他病害参见“一、不结球白菜”相关内容。

2. 虫害

参见“一、不结球白菜”相关内容。

（八）结球白菜的标准及分级

参见“一、不结球白菜”相关内容。

（九）结球白菜的贮藏

许多地区在砍倒结球白菜后，要将其根部向南平铺晾晒数日，以加速伤口的愈合，并使外叶失去一些水分，散发热量，达到菜棵直立、外叶柔软不折的程度，随即入窖贮藏。这样处理虽然可以减少运输和操作中的机械损伤，并减少病原菌侵染机会，加强耐寒力和增加窖容量，但同时损耗比较大，并会破坏正常的代谢功能，促进离层活动而脱帮，严重降低贮藏品质。在西北等地区也有贮藏“活菜”的习惯，即在结球白菜收获后经过选菜和修整，不经过晾晒就入窖贮藏，在窖内采用架藏，效果也不错。两种做法应与品种特征、当地气候、贮藏设施、管理方式结合起来综合考虑。如果在结球白菜收获后经过晾晒、修整，仍因为气候和窖温过高不能立即入窖贮藏的，可以在田间地头做临时性的堆积，也叫预贮。预贮应根据气候情况适当加以覆盖防寒，防止受冻，确保结球白菜的贮藏品质。

通常情况下结球白菜适宜的贮藏温度为 0 ± 0.5 ℃。由于结球白菜含水量较高，在贮藏中容易失水萎蔫，所以要求较高的相对湿度环境，以减少失水萎蔫，降低损耗率，确保贮藏品质，但高湿度又容易增加叶片脱帮、加速病原菌活动。因此必须双方兼顾，在有效控制结球白菜腐烂和脱帮的前提下，以较高的相对湿度为宜，一般掌握株间的相对湿度为90%。

很多试验表明，改变贮藏环境中的空气组成，适当降低氧气浓度或者增加二氧化碳的浓度，都有抑制结球白菜植株的呼吸强度、延缓后熟衰老过程、阻止发芽抽薹、抑制病原菌活动等作用。而有的研究人员强调，强制通风是确保结球白菜贮藏品质的最有效途径。

三、黄玫瑰白菜

（一）概述

好看、好吃、好喝的黄玫瑰白菜是南京农业大学在“十三五”期间育成的观赏食用型杂种一代新品种。其突出特点是耐寒，可耐 –9.6 ℃低温，在 –6 ~ 2 ℃范围内，温度越低，类黄酮含量越高，叶片越黄，观赏性也就越好。

（二）生物学特性

1. 形态特征

参见“一、不结球白菜”相关内容。

2. 生育周期

参见“一、不结球白菜”相关内容。

3. 对环境条件的要求

（1）温度　发芽适温为 20 ~ 25 ℃，生长适温为 15 ~ 20 ℃，在短期 –7 ℃条件下能安全越冬，在 30 ℃以上条件下生长弱，易感病。

（2）光照　黄玫瑰白菜为喜光蔬菜，在光照充足条件下，叶色浓绿，株形紧凑，产量高且品质好；光照不足，会引起徒长，产量低，品质差。

（3）水分　因其叶片面积大、生长快，蒸腾作用较强，耗水量大，故需要较高的土壤湿度和空气湿度。

（4）土壤　因其根系分布较浅，喜疏松、肥沃、保水、保肥的壤土或沙壤土。适宜的土壤 pH 值为 5.7 ～ 6.0。

（5）肥料（营养）　生长期需氮肥较多，合理增施氮肥，植株生长旺盛，产量高，品质好。在定植前，每亩施 4 000 千克腐熟有机肥，每亩产量 4 000 千克左右。每生产 100 千克黄玫瑰白菜约吸收氮 170 克、磷 80 克、钾 90 克。

（三）品种

黄玫瑰系南京农业大学园艺学院蔬菜系育成的观赏食用型杂种一代新品种。耐寒，类黄酮含量高，叶片黄，观赏性好。黄玫瑰中维生素 C 含量是一般不结球白菜的 2~3 倍，100 克黄玫瑰鲜重含 156 毫克维生素 C。

（四）栽培技术

1. 长江流域露地栽培技术要点

（1）育苗方式　在设施内采用穴盘育苗。将育苗基质放入穴盘中，每穴填满基质，均匀浇水，待水渗下后再加 1 次基质，并进行第二次浇水，30 分钟后播种。

（2）播种　粒播，每穴播 1 粒种子（图 3–1），然后覆盖一层干基质，以将种子盖严实为度。发芽期适宜温度 20 ～ 25 ℃。

（3）播期　长江流域 9 月 20 —25 日播种，露地种植。

（4）起苗移栽　起苗移栽前 1 天浇小水，起苗应小心谨慎，尽量少伤根系。苗高 10 ～ 12 厘米，苗龄 25 ～ 30 天，具 4 ～ 5 片真叶时即可移栽。移栽深度以不埋心叶为度，株行距为 25 厘

图 3-1 黄玫瑰种子

米 ×30 厘米，每亩栽植 7 600 株左右。

（5）选地整畦 选择土质疏松、排水良好、保水保肥且前茬为非十字花科蔬菜的地块，前茬收获后及早深耕晒垡，每亩施腐熟有机肥 4 000 千克。

（6）田间管理 移栽后应及时浇水，保持土壤湿润。早期浇水后应及时中耕，防止土壤板结。土壤见干，才能再浇水。生长期间，不打农药，不施化肥。

2. 北方设施栽培技术要点

（1）育苗方式 设施内穴盘育苗。

（2）播种 粒播，每穴播 1 粒种子。

（3）播期 设施内种植，9 月 20 日至 10 月 20 日播种，苗龄 25 ~ 30 天。

（4）定植密度 设施内，以每亩栽植 7 000 株左右为宜。移栽前应施足腐熟有机肥。

（5）移栽后管理 移栽到设施内，及时浇水保持土壤湿润。土壤见干，才能再浇水。生长期间，不施化肥。

（6）温度管理　植株生长进入莲座期后，设施内晚上温度调整至 –4 ~ 2 ℃，白天保持在 5 ~ 10 ℃。感受低温 2 周左右，叶片完成由绿转黄过程。

（五）病虫害防治

参见“一、不结球白菜”相关内容。

（六）采收

黄玫瑰白菜采收期视气候条件、品种特性和消费需要而定。采收时应选择一天中温度最低的时间进行，按长度要求用小刀整齐采下，并按品种、等级分别包装。

（七）黄玫瑰白菜的标准及分级

1. 感官要求

黄玫瑰白菜是集优质、安全、营养于一体的商品蔬菜，因此，在判别其质量优劣时，不仅要考虑将产品中有害物质残留值控制在允许范围以下，还要考虑外观商品性和营养成分含量。具体见表 3–1。

表 3–1　黄玫瑰白菜的感官要求

项目	品质要求
品种	同一品种
新鲜	叶片色泽明亮，水分适宜且不萎蔫
清洁	菜体表面无泥土、灰尘及其他污染物
腐烂	无

续表

项目	品质要求
异味	无
冻害	无
病虫害	无
机械伤	无
规格	规格用整齐度表示，同规格的样品其整齐度应该≥ 95%
限度	每批样品中不符合感官要求的按质量计，总不合格率不得超过 5%

注：腐烂、病虫害为主要缺陷。

2. 分级、包装

黄玫瑰白菜按照其商品性分为两级：一等品的规格为鲜嫩、清洁、无泥、无病虫害，外围有 3 张绿叶，内叶金黄色，高度 20 厘米左右；二等品的规格为鲜嫩、清洁、无泥、无病虫害，外围只有 1 张绿叶，内叶金黄色，高度 17 ～ 18 厘米。

黄玫瑰白菜采收后，要随即削根，剥掉老叶。然后分级装箱，多采用塑料或泡沫箱进行包装。包装物上应标明品种名称、净质量、产地、生产者、生产（或收获）日期。包装物要整洁、牢固、透气、无污染、无异味。每批样品包装规格、单位、质量必须一致。

（八）黄玫瑰白菜的运输、加工与贮藏

采收以后，在运输或贮藏前迅速除去从田间携带的热量，使产品内的温度降到一定程度以降低代谢速度，防止腐败，保持品质，即进行预冷（1 ～ 3 ℃恒温库，使菜体温度降至 5 ℃以下），

加之冷链运输，能保持货架期 14 ~ 20 天（图 3–2）。

图 3–2　黄玫瑰白菜气调贮藏

（九）黄玫瑰白菜烹饪方法

首推沙拉、凉拌，鲜榨蔬菜汁。炒、煮、炖、烧、煎、干煸均可（图 3–3）。

图 3–3　烹饪后的黄玫瑰白菜

四、黑塌菜

（一）概述

黑塌菜是如皋地方特色农产品之一，其种植历史悠久，据清乾隆十五年（公元 1750 年）编修的《如皋县志》记载："九月下种，十月分畦，冬后经霜更酥软，邑人呼为塌棵菜。初春嫩薹蔬茹皆胜，四月收子榨油，香美不亚麻油。"主要产区在如城及周边地区。如皋黑塌菜于 2013 年获国家地理标志证明商标。

黑塌菜属"雪中骄子"。俗话说"人怕生病菜怕霜"，但寒霜越重，黑塌菜就"越精神，越高洁"，且经过寒风、雪霜历练，味道更鲜美。久煮不褪色。每 100 克新鲜菜含维生素 C 75.8 毫克、维生素 E 0.28 毫克、钙 129 毫克、铁 1.79 毫克、镁 32.01 毫克、锌 5.4 毫克、钠 15.57 毫克、游离氨基酸 1.50%、粗纤维 2.2%、β－胡萝卜素 23.08 毫克。

（二）生物学特性

1. 形态特征

株形平展，塌地生长。叶色墨绿，叶片平滑，叶柄扁平。整株菜以叶为主，开展度 50.2 厘米，株高 44 厘米，总叶数 27 枚，叶长与叶柄长比值为 2.77，叶宽与叶柄宽比 4 ∶ 1（图 4–1）。

图 4–1　黑塌菜单株

2. 生育周期

参见“一、不结球白菜”相关内容。

3. 对环境条件的要求

黑塌菜秋季栽培，冬季收获，耐寒性强，经霜冻后味略甘甜，以味道独特鲜美而著称。

（三）品种

科技人员对黑塌菜种质资源进行了整理、搜集。在如皋区域内从 6 个点搜集了 97 份黑塌菜种源，建立了原始种质资源圃。通过株系圃的建立，单株套袋、人工辅助授粉（蕾期授粉）系内混繁，再经过多部门联合综合评价、营养成分测定后，确定 H14.10.1–15.21–16.7 株系为大面积推广用种。

（四）栽培技术

1. 栽培季节

黑塌菜的适宜播种期为 9 月中下旬，最佳播种期为 9 月 15—25 日，暖冬播期可推迟到 9 月 30 日左右。

2. 播种育苗

选用饱满的种子， 一般每亩播种 0.3 ~ 0.4 千克，撒播，播后浅耙盖 0.5 ~ 1.0 厘米厚的细土，轻压畦面使种子与土壤密合。苗床面积与大田面积比为 1 ： 10。

播前补足底墒，播种后应根据天气、土壤墒情及时补水，出苗前保持土壤湿润。一般播后 2 ~ 3 天即可出苗，齐苗后视墒情再补水，当幼苗第二片真叶伸展后，每亩追施 46% 尿素 10 千克，以确保壮苗。苗长至1叶1心时开始间苗，间苗2次，定苗间距7～8厘米。

利用大棚避雨育苗。苗床宽1.55米，长度可根据大棚长度及需要育苗的数量定，苗床应整平以备放置穴盘。基质选用蔬菜专用育苗基质，播种前将基质加水拌匀，湿度以手握成团并有2～3滴水渗出、松开即散为宜，堆闷一夜让基质充分吸足水分。选用72孔穴盘，每孔1粒种子，播种后，覆盖堆闷过的基质0.5厘米。播种后将穴盘整齐置入预先准备好的苗床上，2～3天即可齐苗。出苗前一般不浇水，出苗后，基质现白时，选晴天下午喷洒浇水。苗期中午覆盖遮阳网降温，早、晚揭去遮阳网增强光照，移栽前炼苗一周。穴盘育苗适用于机械移栽。

3. 定植

移栽田块选择土质疏松、前茬为非十字花科作物、排灌方便、交通运输方便的田块。当盘育苗的苗在2叶1心时及时移栽，苗龄25～30天（穴盘育苗适当提前），一般在10月中下旬移栽。栽植深度保持第一片真叶在地表以上，确保深不埋心。移栽时做到根正、苗直，边栽边用手压紧，使根与土壤紧密结合，从而达到保水、成活快、缩短缓苗期的目的。注意移栽质量，确保活棵。栽后7天进行查苗补苗。在畦宽2.4米、畦沟宽20厘米、畦沟深25厘米、株行距为30厘米×30厘米的条件下栽培的黑塌菜商品性及产量均为最好。高密度的种植土地利用率高，但是植株的生长空间受制约，且通风透气性下降，导致植株不能完全表现该品种的塌地性状，影响商品性，病害相对加重；低密度的种植植株虽充分生长，但土地利用率低，产量低，影响经济效益（图 4–2）。

4. 田间管理

（1）基肥　定植耕翻前每亩施腐熟有机肥 2 000 ~ 2 500 千克，氮、磷、钾之比为 15 ∶ 15 ∶ 15 的硫酸钾型复合肥 40 千克。

（2）水分与追肥　肥水管理上采取前促后控相结合的措施。移栽后及时浇水，促进缓苗。在施足基肥的基础上，移栽活棵后结合灌水每亩施 46% 尿素 10 千克，浇水施肥以保持土壤湿润为宜（图 4–3）。入冬前确保单株生长量，入冬后生长量减少，不再施肥，提高抗寒力。

图 4–2　黑塌菜田间生长状态

图 4–3　黑塌菜水肥管理

（3）中耕除草　中耕多与施肥结合进行，植株封行前，浇施肥水后疏松表土，以保墒除草。

（五）病虫害防治

育苗期主要病虫害有蚜虫、黄曲条跳甲、小菜蛾、菜青虫、霜霉病（少有发生）等，移栽大田后由于气温逐渐下降很少发生病虫害。按照“预防为主，综合防治”的植保方针，注重合理轮作，晒垡消毒，中耕除草，及时清洁田园。蚜虫、黄曲条跳甲采用黄板诱杀，一般每亩用黄色诱虫板 30 ~ 40 片，高度为离地 30 ~ 35 厘米。

（六）采收

植株移栽后 40 ~ 50 天即可采收，适宜采收期为 12 月上旬，也可根据市场需求延后采收至翌年 2 月抽薹前。此时期上市，黑塌菜的品质、商品性、商品率等方面均最佳，其直径 35 ~ 55 厘米，单株重达 170 克左右。以新鲜菜上市的采收时用平泥带根铲，剥除下层老黄叶，亩产量达 1 450 千克左右，采收后层层平展于塑料筐内，确保整株塌棵状，减少叶片损伤。以加工菜采收的用平泥带根铲，剥除下层老黄叶，切除根茎、去除心叶，亩产量达 950 ~ 1 150 千克。

如皋黑塌菜上市期集中在 12 月至翌年 2 月。为解决鲜菜产品集中上市和供应周期短等问题，黑塌菜通过速冻保鲜加工，可延伸产业链条，延长供应期，便于远距离运输，促进产业发展。速冻保鲜技术的应用使得消费者一年四季都能吃到鲜嫩碧绿、清香可口的黑塌菜。

（七）黑塌菜的标准及分级

黑塌菜的标准及分级可参见“一、不结球白菜”相关内容。

（八）黑塌菜的运输、加工与贮藏

参见“一、不结球白菜”相关内容。

黑塌菜采后要注意遮阴，防止曝晒。运输中尽量减少机械损伤。预冷库温度控制在0～1℃，空气相对湿度95%以上。从采收地将菜直接运往预冷库，一般时间不要超过2小时。同时用冷藏车运输，车厢内温度保持在5℃以下。

此外，黑塌菜经过速冻处理后，可保存8个月，并保持原有的风味和品质，有效解决了远洋官兵难觅绿色蔬菜的难题。小小的黑塌菜一头连着如皋万千农户，另一头连着海军将士的餐桌，是名副其实的“拥军菜”。

五、香青菜

（一）概述

香青菜是吴江地方传统特色珍稀蔬菜品种，已有几百年的栽培历史（图5-1）。其香味浓郁、口感柔软、风味独特，冬性强，抽薹开花晚，一般1—3月大香青菜上市，可填补当地市场供应的不足，深受广大消费者青睐。

图5-1　香青菜田间生长状态

（二）生物学特性

1. 形态特征

香青菜按叶色分黄叶、青叶、黑叶三大类。

（1）黄叶香青菜（图5-2）　植株开展，半披张，株形松散，塌地生长。株高20厘米左右，开展度约45厘米。叶片椭圆形，扇状，最大叶长约30厘米，叶宽近约16厘米，叶淡黄色，叶缘浅缺刻，呈花边状皱褶，叶面起皱不平，叶脉白色，较宽且明显，呈网格状分布。品质好，纤维含量少，柔嫩易烂，为炒食上品。较耐寒，冬性较强，不易抽薹，不耐高温，不耐湿，适宜在冷凉的气候条件下生长，抗病、抗逆性较强。一般每亩大香青菜产量 1 500 千克左右。

图 5-2　黄叶香青菜

（2）青叶香青菜（图 5-3）　植株开展，半披张，株形松散，塌地生长。株高 20 厘米左右，开展度约 46 厘米。叶片椭圆形，扇状，最大叶长约 32 厘米，叶宽近 18 厘米，叶淡绿色，叶缘浅缺刻，呈花边状皱褶，叶面起皱不平，叶脉白色，较宽且明显，呈网格状分布。品质较好，纤维含量较少，柔嫩易烂，为炒食上品。较耐寒，冬性较强，不易抽薹，不耐高温，不耐湿，适宜在冷凉的气候条件下生长，抗病、抗逆性较强。一般每亩大香青菜产量 1 500 千克左右。

图 5-3　青叶香青菜

（3）黑叶香青菜　植株半直立，株形松散，株高 30 厘米左右，开展度 38 厘米左右。叶片椭圆形，最大叶长约 28 厘米，叶宽约 15 厘米，叶深绿色，有光泽，叶缘浅缺刻，呈花边状皱褶，叶面起皱不平，叶脉白色，较宽且明显，呈网格状分布。品质一般，纤维含量少，柔嫩易烂，为炒食上品。耐寒，冬性强，不易抽薹，不耐高温，不耐湿，适宜在冷凉的气候条件下生长，抗病、抗逆性较强。一般每亩大香青菜产量 1 500 千克左右。

2. 生育周期

参见“一、不结球白菜”相关内容。

3. 对环境条件的要求

种植区域主要在沿太湖的横扇、七都、震泽、桃源等镇。土壤类型以小粉土为主，质地为粉沙质壤土或黏壤土。小粉土易淀浆板结，土壤养分释放快，偏酸性，pH 值为 5.2 ~ 6.0，表土层在日光下晒得发白，而心土仍然很湿，农民俗称“夜湿泥”。

钱燕婷等（2021）以香青菜“齐心黄”为材料，通过田间小区试验研究不同配比的有机肥和复合肥混合施用对香青菜产量和品质的影响。结果表明：适当比例的肥料配施，与不施用任何肥料的空白对照组相比，产量增加 12%，配比施肥对香青菜有增产作用；配施有机肥 600 千克 / 亩的香青菜中可溶性蛋白质含量较对照组增加 24.95%，配施有机肥 300 千克 / 亩的香青菜中维生素 C 含量较对照组提高 40.88%。

（三）类型与品种

根据不同的消费习惯和需求，可选择不同的香青菜品种。喜爱叶色深的可选择黑叶香青菜，喜爱叶色较浅的可选择青叶香青菜或品质更佳的黄叶香青菜。

（四）栽培技术

1. 栽培季节

作为小香青菜上市，一般 8 月下旬至 10 月下旬直播；作为大香青菜上市，一般10月中旬至11月下旬播种，苗龄35天左右移栽，其中以10月下旬播种，翌年1—2月采收品质最佳。

2. 播种育苗

采用撒播或条播，每亩用种量1千克左右，播后盖细土0.5 ~ 1.0厘米厚，搂平压实，覆盖遮阳网，出苗前晴天早晚各浇水1次，保持土壤湿润直至出苗。出苗后及时除去覆盖物。幼苗生长期间苗1 ~ 2次，每次间苗后浇水1次。

3. 定植

移栽定植前对大田耕翻做畦，耕翻前先施商品有机肥和复合肥作底肥，一般亩施商品有机肥400千克、复合肥30千克，耕翻做畦，畦高15厘米、宽120厘米左右，每亩种植4 000株左右。

移栽定植后及时浇足水，成活后尽量少浇水。

4. 田间管理

（1）日常管理　一般情况下，生长期间应保持土壤湿润，遇连续阴雨天气应及时清沟排水。收获前5 ~ 7天停止浇水。生长期间原则上不施速效肥料，中后期视生长情况可适量追施叶面肥和复合肥等。

（2）水肥一体化技术　水肥一体化技术是“以水调肥”和“以肥促水”的水肥耦合农业新技术，通常以滴灌系统为载体，借助压力系统，将可溶性固体或液体肥料按土壤养分含量和作物需肥规律、特点配成肥液，与灌溉水一起相溶后，利用可控管道系统，定时、定量按比例直接供给作物。实现水肥一体化技术的核心就在于微灌设备是否满足水肥的稳定和均匀供给要求。

● 滴灌：利用滴灌系统施肥，由于可溶肥以滴水形式随水直接施入香青菜根系密集区，株间空地上无肥料浪费，且非常容易控制，水、肥均不会有深层淋洗浪费。

● 微喷：目前运用较多的是倒挂旋转式喷头，流量一般为10 ~ 150千克/时。微型喷灌具有小范围、小喷量、小冲击力的灌溉特性，适合栽培密度大、植株柔软细嫩的香青菜。

使用微喷时注意：确保微喷带孔朝上，平直不折叠、不扭曲，铺设完毕要通水测试，确保均匀出水后方可覆盖地膜；因香青菜生产周期长、再生料地膜易破损，一定要选择新料地膜；另外，要选择水溶性好的肥料，否则微喷带会堵塞，影响施肥施水的效果；每个接头（阀门）连接的部位一定要密实，防止滴漏，保证水压和灌溉速度；微喷带的长度最好控制在20 ~ 30米，超过30米要分段浇灌，确保首尾水肥均匀；由于地块墒情的差异，仅凭时间控制不灵活，可观察畦沟是否现水，若现水则表明土壤已到达饱和水量，要关闭阀门。

● 渗灌：也叫防堵塞地下滴灌，每个渗（滴）头的渗水速度一般为0.2 ~ 0.5千克/时。渗灌的主要优点：灌水后不破坏土壤结构，土壤表面不板结，土壤仍保持疏松状态；地表土壤湿度低，可减少地面蒸发；管道埋入地下，可减少占地，便于交通和田间作业，同时进行灌水和农事活动；灌水量省，灌水效率高；能减少杂草生长和植物病虫害；渗灌系统流量小，压力低，可减小动力消耗，节约能源。主要缺点：表层土壤湿度较差，不利于香青菜种子发芽和幼苗生长；投资高，施工复杂，且管理维修困难；一旦管道堵塞或破坏，难以检查和修理；易产生深层渗漏，尤其是透水性较强的轻质土壤。

（五）病虫害防治

按照“预防为主，综合防治”的植保方针，坚持“以农业防治、物理防治、生物防治为主，化学防治为辅”的防治原则。

1. 农业防治

实行轮作，暴晒土壤，加强中耕除草，清洁田园，以降低田间病虫基数；对病株以连根带土清除为主。

2. 物理防治

香青菜害虫以黄曲条跳甲、小菜蛾、夜蛾类、蚜虫等为主。针对虫害发生的特点，利用防虫网 + 杀虫灯 + 黄板 + 性诱剂的绿色防控技术。

（1）防虫网防控技术　防虫网是采用聚乙烯为主要原料，并添加防老化、抗紫外线等化学助剂，经拉丝制造而成的网状织物，形似纱窗，可将害虫拒之网外，减轻害虫对网内香青菜的危害；且透光、可适度遮光，为香青菜生长创造适宜的条件；同时还具有抵御暴风雨冲刷和冰雹侵袭等自然灾害的能力。一般选用 20 ~ 25 目的白色或灰色防虫网。

（2）杀虫灯防控技术　杀虫灯是利用害虫的趋光、趋波等特性，将光的波长、波段、波的频率设定在特定范围内，引诱成虫扑灯，并配高压电网诱杀成虫。具有诱虫种类广、诱虫量大、对天敌安全、使用成本低、使用方便等特点。可诱杀以鳞翅目、同翅目、直翅目等为主的蔬菜害虫 20 余种，对有效降低田间落卵量，压低虫口基数，控制害虫抗性的产生及维护生态平衡有着极其重要的作用。

● 挂灯高度和密度：在光源充足的情况下，单灯控害面积 1 ～ 2 公顷；在光源相对较弱的地区，单灯控害面积 2.0 ～ 2.7 公顷。挂灯高度一般离地 60 ～ 70 厘米。

● 挂灯和开关灯时间：通常情况下，5—10 月诱杀数量最多，杀虫灯应用时间以每年的 4—11 月为宜，4 月应将杀虫灯挂出，11 月收回。每天傍晚到 22:00 是诱杀害虫最佳时间，22:00 以后诱杀数量逐渐减少。因此，杀虫灯每天的开灯时间以 19:00—24:00 为宜。在特殊情况下，开灯时间可适当调整。

（3）黄板防控技术 黄板利用害虫对黄色的趋向性，用专用胶制剂制成的黄色捕虫板来诱杀害虫，具有杀虫谱广、诱杀效果明显、对环境安全等特点，大大减轻了小型害虫对香青菜的危害。

● 黄板的选择：蔬菜种类多，虫害发生复杂，应根据不同蔬菜品种和害虫发生的种类正确选择，对发生蚜虫较重的香青菜品种，应选择挂置黄板。

● 挂置时间和方向：提倡从香青菜苗期或定植期开始持续挂置，采用垂直地面悬置方式，利于诱杀目标害虫，且对农事操作影响较小。

● 挂置的高度和密度：诱杀香青菜上的蚜虫，一般以黄板下端与香青菜顶部持平或略高于叶菜顶部为宜，最好不高于地面 10 厘米；诱杀香青菜上的黄曲条跳甲，黄板底部以低于植株顶部 5 厘米左右为宜。悬挂密度以每亩 25 ～ 30 张为宜。

（4）**性诱剂防控技术**　性诱剂是利用害虫的性生理作用，通过诱芯释放人工合成的性信息素引诱雄蛾至诱捕器，杀死雄蛾，控制下一代的发生量。具有选择性高、专一性强、对环境安全等特点。

● 性诱剂的选择：性诱剂防治对靶标的专一性和选择性要求高，每一种性诱剂只针对一种害虫，目前香青菜生产中主要应用斜纹夜蛾、甜菜夜蛾、小菜蛾 3 种性诱剂，应根据害虫发生种类正确选择使用。

● 诱芯选择及更换：诱芯是性诱剂的载体，好的诱芯才能使性信息素分布均匀，释放稳定且时间长。要根据诱芯产品性能及天气状况适时更换，以保证诱杀的效果。每根诱芯一般可使用 30 ~ 40 天。

● 诱捕器设置高度、位置和密度：诱捕器可以挂在竹竿或木棍上，固定牢，高度应根据防治对象适当调整。一般斜纹夜蛾、甜菜夜蛾等体型较大的害虫专用诱捕器底部距离香青菜顶部 20 ~ 30 厘米，小菜蛾诱捕器底部距离香青菜顶部 10 厘米左右。同时，挂置地点以上风口为宜。诱捕器的设置密度根据害虫种类、虫口基数、使用成本和使用方法等因素综合考虑，一般针对斜纹夜蛾、甜菜夜蛾每 1 333.3 ~ 2 000 米^2 设置 1 个诱捕器，每个诱捕器 1 个诱芯；针对小菜蛾每 667 ~ 1 333.3 米^2 设置 1 个诱捕器，每个诱捕器 1 个诱芯。

● 应用时间：根据诱杀害虫发生的时间，确定和调整性诱剂应用时间，总的原则是在害虫发生早期，虫口密度较低时开始使用效果好，可以真正起到控前压后的作用，而且应该连续使用。

性诱剂的科学管理可以大大提高性诱剂的防治效果，管理内容主要是及时清理诱捕器中的死虫，并进行深埋；适时更换诱芯，既能确保诱杀效果又能保证诱芯发挥最大效能；使用完毕后，要对诱捕器进行清洗，晾干后妥善保管。性诱剂使用应集中连片，这样可以更好地发挥性诱剂的作用。

（六）采收

香青菜采收期视气候条件、品种特性和消费需要而定。作为小香青菜上市，一般8月下旬至10月下旬直播，播后35 ~ 50天采收。作为大香青菜上市，一般10月中旬至11月下旬播种，12月下旬至翌年3月下旬陆续采收；10月下旬播种，翌年1—2月采收品质最佳。

采收应选择一天中温度最低的时间进行，按长度要求用小刀整齐采下，并按品种、等级分别包装。

（七）香青菜的标准及分级

香青菜的标准及分级可参见“一、不结球白菜”中相关内容。

（八）香青菜的运输、加工与贮藏

参见“一、不结球白菜”相关内容。

香青菜采后不能马上运走的要注意遮阴，防止曝晒。运输中尽量减少机械损伤。预冷库温度控制在 0 ~ 1 ℃，空气相对湿度 95% 以上。从采收地将菜直接运往预冷库，一般时间不要超过 2 小时。同时用冷藏车运输，车厢内温度保持在 5 ℃以下。

六、彩色大白菜

（一）概述

彩色大白菜（图 6–1）是近几年育成的新品种。由于其心叶呈红色或黄色，而成为餐饮业、食品加工业的新宠。这是因为天然色彩增加了人们的食欲，也为食品色素添加剂开辟了新途径。生产彩色大白菜，效益比常规品种大为提高。

图 6–1　彩色大白菜

（二）生物学特性

参见“二、结球白菜”相关内容。

（三）彩色大白菜生产的环境条件

参见“二、结球白菜”相关内容。

（四）类型与品种

1. 秋播橘红心大白菜

橘红心大白菜是球叶为橘黄色的大白菜。由日本泷井种苗公司率先育成，品种名为 Orange Queen。北京市农林科学院蔬菜研究中心 1990 年从日本引入了该品种并进行了试种观察，发现由于生态型不同，其病毒病发病严重，很难在我国北方栽培成功。北京蔬菜研究中心的白菜育种工作者通过杂交选育和游离小孢子培养技术，在我国首次育成了橘红心类型大白菜品种——北京橘红心和北京橘红 2 号。北京橘红心为中晚熟品种，1999 年通过北京市农作物品种审定委员会审定，并获中国 1999 年昆明世界园艺博览会金奖，2002 年获国家专利；北京橘红 2 号为早熟品种，2002 年通过北京市农作物品种审定委员会审定。品种简介如下：

图 6-2　北京橘红心

（1）北京橘红心　生长期 80 天。株形半直立，株高 37.3 厘米，开展度 61.7 厘米。外叶绿色，叶柄绿色，叶球叠抱，中桩，橘红心（图 6-2），球高 27.8 厘米，球宽 15.4 厘米，球形指数 1.8。结球紧实，单株净菜重 2.2 千克，亩产 7 500 千克，净菜率 82%。抗病毒病、霜霉病和软腐病。品质优良，较耐贮藏。

（2）北京橘红 2 号　早熟一代杂种。生长期 65 ~ 70 天。株高 34.2 厘米，开展度 46.2 厘米。外叶深绿色，叶面皱，叶柄浅绿色，球内橘红色，叶球叠抱，紧实，球高 25.8 厘米，球宽 15 厘米，球形指数 1.72，单株净菜重 2.0 千克，净菜率 70%，亩产净菜 5 500 千克左右。抗病毒病、霜霉病、软腐病。品质优。

以上两个品种的最大特点是球叶橘黄色，叶球切开后在阳光照射下颜色逐渐变深，呈橘红色。经北京市农林科学院蔬菜研究所营养品质分析室对 45 份大白菜材料的测定，其结果表明，北京橘红心含水量、中性洗涤纤维含量较低，有机和无机营养成分含量绝大多数超过平均值，其中有机营养中维生素 C 和 β－胡萝卜素含量，以及无机营养中钾、磷、铁、锰的含量均排第一位，可以说是白菜中营养价值最高的品种。

由于北京橘红心和北京橘红 2 号球叶色泽艳丽、口感脆嫩，因而特别适合于生食凉拌和做汤，可以作为宾馆、饭店餐桌上的配菜佳肴，有较大的发展前途。

2. 黄心大白菜

黄心大白菜就是球内叶为深黄色的大白菜品种，这种类型的品种是近几年才从国外引入的新类型，在我国栽培面积不大。黄心大白菜颜色好看，特别适合于盐渍，加工后其黄色不易变色而深受消费者欢迎，因此特别是在日本和韩国，近年来新推出的白菜品种几乎全是黄心品种。由于我国对黄心大白菜品种的选育研究起步较晚，目前市场上还没有适合我国北方大陆性气候区秋季栽培的品种。从国外种苗公司在我国市场上销售的品种来看，以春播晚抽薹品种为主，秋播品种只能在海洋性气候和高冷地区栽培，在北方大陆性气候区由于生态型的差异会造成病毒病的流行，目前栽培黄心品种风险较大。随着国内外育种工作者的努力，相信不久会有适合我国北方秋季栽培的黄心品种问世。

黄心大白菜分两种类型：一是适于春季栽培的晚抽薹品种，

如春黄、春宝黄、春早黄心等；二是秋季栽培的品种，如彩黄、优黄、秋黄王等。

（五）栽培技术

1. 北京橘红 2 号白菜栽培技术

北京橘红 2 号为早熟品种，适于早秋栽培。一般在 7 月下旬至 8 月初播种，10 月上中旬收获，行株距 50 厘米 ×43 厘米，每亩 3 000 株左右。栽培管理技术如下：

（1）合理轮作 与非十字花科蔬菜轮作，可减轻病害的发生。

（2）加强肥水管理 施足基肥，可结合整地起垄，每亩施腐熟有机肥 5 000 千克左右，标准氮肥 15 ~ 20 千克，过磷酸钙 30 ~ 40 千克，硫酸钾肥 10 ~ 15 千克或草木灰 50 千克。合理追肥，8 月中旬每亩追施尿素 5 千克作提苗肥；9 月上旬每亩施尿素 15 ~ 20 千克作发棵肥。莲座期进行 2 ~ 3 次叶面追肥，喷 200 倍的尿素液加 600 倍的磷酸二氢钾液，促进功能叶健康生长，提高抗病能力。包心期再追施尿素 10 ~ 15 千克，促进壮心。水分管理要做到少水勤浇，“三水定苗，五水定棵”，经常保持地面湿润，不要大水漫灌，以防止软腐病的发生。

（3）中耕除草 及时做好中耕除草工作，否则影响白菜生长。

（4）病虫害防治 以预防为主，根据病虫害的发生情况对症下药。应从发病初期开始施药，病情轻时，每 7 ~ 10 天喷一次，连喷 2 ~ 3 次，病情重时，每 5 ~ 7 天喷一次，连喷 3 ~ 4 次。

2. 北京橘红心白菜栽培技术

北京橘红心为中晚熟品种，适于秋季栽培。一般以立秋前后

3 天播种为宜，10 月下旬收获，行株距 56 厘米 ×46 厘米，每亩 2 500 株左右。栽培管理技术如下：

（1）合理安排茬口 为防止病虫害的传播，应尽量避免与十字花科蔬菜连作，选择前茬以茄果类、瓜类、豆类、葱蒜类蔬菜为好。

（2）土地选择和整地 以选择土质肥沃、排水良好的中性壤土为宜。播前应尽早腾茬，清除前茬残株杂草，每亩喷洒 1.5 ~ 2.5 克西维因杀虫剂，随即用旋耕机浅耕两遍，深度为 10 ~ 12 厘米，然后修好排灌渠道，精细整平地块。

（3）施足基肥 结合耕地，每亩施优质腐熟有机肥 5 000 千克，并掺入过磷酸钙 25 ~ 40 千克，大白菜专用复合肥 50 千克，硫酸钾 15 ~ 20 千克，施后旋耕掺匀。

（4）做畦方式 一般采用高垄栽培，根据各地条件使用拖拉机、畜力或人工起垄均可，垄高 10 ~ 13 厘米，垄背宽 25 厘米，垄距 56 厘米。为了后期打药方便，可采用宽窄行或留打药行（“六留一”或“八留一”）等措施。

（5）播种方式 一般采用直播，有机播和人工播种两种方式。

● 机播：机播节省种子（每亩用种 0.1 ~ 0.15 千克），可将开沟、播种、覆土、镇压规范化一次完成，播种距离一致，确保播种质量。

● 人工播种：先在高垄顶部划 2 厘米深浅一致的浅沟，然后将种子均匀捻入沟内，每亩用种 0.15 ~ 0.25 千克，覆土后人站在垄上踩一遍，覆土厚度以不超过 1 厘米为宜。

（6）需肥特点 每生产 100 千克白菜约吸收氮 150 克、磷

70 克、钾 200 克。在亩产 5 000 千克的情况下大约吸收氮 7.5 千克、磷 3.5 千克、钾 10 千克，三要素的大致比例为 1 ： 0.47 ： 1.33。由此可见，需要的钾最多，其次是氮，磷最少。

（7）田间管理

● 发芽期及幼苗期：该时期浇水是最为关键的管理措施，应根据天气情况灵活掌握，特别在雨水少、气温高的条件下，必须采取“三水齐苗，五水定棵”的措施，以保持土壤湿润，有良好的降低地表温度、预防病毒病的效果。在幼苗出齐后及时进行查苗补苗，补苗时多带土少伤根，需连续 3 天点水，以利于缓苗。当幼苗长出 2 片真叶时进行第一次间苗，苗距 7 ~ 8 厘米，长到 4 片真叶时进行第二次间苗，要求苗距 15 厘米左右。要选壮苗，淘汰小苗、弱苗、病苗、杂苗、畸形苗和被虫咬伤的苗。每次间苗浇水后进行中耕，深锄沟，浅锄背，除净杂草，并结合中耕适当培土，保证垄形完整和防止幼苗根部外露。在第一次间苗后施一次提苗肥，每亩追施硫酸铵 7 ~ 8 千克，施肥结合浇水进行。

● 莲座期：8 月底当真叶数达到 8 ~ 10 片时定苗。苗距 43 厘米左右，每亩留苗 2 500 株。定苗后距根部北侧 10 ~ 15 厘米处开沟施肥，每亩施 1 000 ~ 1 500 千克优质腐熟有机肥，加硫酸铵 15 千克，施肥后即覆土封沟并浇水，使肥料迅速溶解，及早满足植株生长的需要。浇水后 2 天开始中耕，仍然是深锄沟，浅锄背。并根据土质、气候、苗情适当进行蹲苗，一般蹲苗期为 10 ~ 15 天。当莲座叶接近封垄或已封垄、心叶开始抱合、20 厘米土层的相对含水量为 15% ~ 18% 时，结束蹲苗，开始浇水。值得指出的是，在保水保肥差的沙土地种植时，可少蹲苗或不蹲苗，否则易引发干烧心。

● 包心期：9 月下旬至 10 月初，大白菜进入包心期，需水达到高峰，一般壤土每隔 6 ~ 7 天需浇一次透水。浇水时切忌大水漫灌，遇雨少浇或延后浇水，收获前 5 ~ 7 天应停止浇水。整个包心期需浇水 4 ~ 5 次。追肥分 3 次进行，原则是前重后轻。在蹲苗结束时要重施一次关键肥。每亩可追施碳酸氢铵或硫酸铵 20 ~ 25 千克，也可施腐熟有机肥 2 500 千克。一般随水施入田间，施肥时一定注意一要均匀，二要节约，尽量在畦口附近施，以免肥料流失田外。在间隔一水后再追施第二次肥，每亩施碳酸氢铵或硫酸铵 20 ~ 25 千克或腐熟有机肥 1 500 千克。在结球中期末，气温不低于 12 ℃以下时再追施第三次肥，每亩施碳酸氢铵或硫酸铵 15 ~ 20 千克，也可施腐熟有机肥 1 000 ~ 1 500 千克。结球后期由于温度太低，根系吸收能力弱，施肥效果不佳。在结球期化肥和腐熟有机肥交替使用，有利于提高结球质量和品质。

（8）病虫害防治 在白菜不同生育阶段，病虫害防治的重点不同，要以预防为主，防治及时。苗期的防治重点是蚜虫、小菜蛾、菜青虫和病毒病。莲座期除以上病虫害外，注意预防霜霉病、黑斑病和软腐病等。结球期除对蚜虫等害虫应继续加强检查，发现后及早处治外，还要加强霜霉病、黑斑病、软腐病和黑腐病的防治工作。病虫害的危害特点、防治技术可参见“二、结球白菜”相关内容。

3. 黄心大白菜栽培技术

参见本节“北京橘红心白菜栽培技术”相关内容。

七、菜心

（一）概述

菜心（图 7–1），又名菜薹、菜尖、广东菜等，是以花薹供食用的蔬菜，为小白菜的一个变种，原产我国，是南方的特产蔬菜之一。在广东、广西等省（自治区）栽培历史悠久，品种资源十分丰富，一年四季均可生产，在蔬菜周年供应上占有重要地位，并且销往港、澳地区，还有一定数量远销欧、美，被视为名贵蔬菜。近年来引入我国北方栽培，北方地区春夏季适合菜心生长，质量较好。随着菜心出口量的增加，其栽培面积逐年扩大，受到消费者的欢迎。

图 7–1　菜心植株

菜心的食用部分为花茎（薹），其质地柔嫩，营养丰富。据分析，每 100 克鲜菜中含水分 94 ~ 95 克、蛋白质 1.3 克、碳水化合物 0.72 ~ 1.08 克、脂肪 0.2 克、粗纤维 0.5 克。在所含的矿质元素中，钙 50 毫克、磷 40 毫克、铁 0.6 毫克。并含有多种维生素，其中胡萝卜素 0.1 毫克、维生素 C 34 ~ 39 毫克、维生素 B_3 0.7 毫克。并可提供 71 千焦的热量。菜心味道鲜美，主要用作炒食，还是做汤的上等原料，也可用沸水烫后做凉拌菜，食用方法较多。

（二）生物学特性

1. 形态特征

菜心为一年生蔬菜，根系浅，主根不发达，须根多，主要根群分布在距地表 3 ～ 10 厘米、直径 10 ～ 20 厘米深的土层中。根的再生能力较强。株形直立或半直立。抽薹前茎短缩。基部叶片开展，叶形为宽卵圆形或椭圆形，绿色至黄绿色，叶缘波状，叶脉明显，叶柄狭长，淡绿色（图 7–2）。花茎（薹）圆形，绿色，薹叶卵形或披针形，花茎下部叶柄短，上部叶无柄。总状花序，完全花，花冠黄色，花瓣呈“十”字形，4 强雄蕊，雌蕊 1 枚。长角果 2 室，成熟时黄褐色。种子细小，近圆球形，种皮黄褐色至褐色，千粒重 1.3 ～ 1.7 克。

图 7–2　菜心田间生长状

2. 生育周期

菜心的生长发育分为发芽期、幼苗期、叶片生长期、菜薹形成期和开花结果期。不同品种的生长期长短不同，早中熟品种 40 ～ 50 天，晚熟品种 50 ～ 70 天。各品种的生育期还因栽培季节和栽培条件不同而异。

（1）发芽期　从种子萌动至子叶平展为发芽期，一般需 5 ～ 7 天。此期经历时间长短，主要受温度影响。

（2）幼苗期　从第一片真叶开始生长至第五片真叶展开为幼苗期，需经 14 ～ 18 天。这一时期正是花芽分化期，一般在幼苗具 2 ~ 3 片真叶时即开始花芽分化。

（3）叶片生长期　从第六片真叶出现至植株开始现蕾为叶片生长期，需经 7 ~ 21 天。菜心在叶片生长期，一般要形成 8 ~ 20 片叶，叶片的多少因品种和栽培季节而异，一般早中熟品种叶片数少，晚熟品种叶片数较多。

（4）菜薹形成期　从现蕾至主菜薹采收为菜薹形成期，需经 14 ~ 18 天。此期是菜薹产量形成的过程。开始节间逐渐伸长，茎部叶片变细变尖，叶柄变短至无柄叶。菜薹形成初期，叶片继续生长，并仍占植株生长的主导地位，之后，菜薹加快发育，其重量迅速增加，成为植株的主要部分。

（5）开花结实期　从植株初花至种子成熟为开花结实期，需经 50 ~ 60 天，但也因品种、气候条件不同而异。早熟品种，或气温较高时花期较短，种子成熟也较快；晚熟品种，或气温较低时花期较长，成熟也较慢。菜薹初花后，花茎开始迅速生长，并从腋芽中由上而下抽生侧花茎。

3. 对环境条件的要求

（1）温度　菜心对温度的要求不严，月平均温度在 11 ~ 28 ℃条件下都可顺利生长发育，但不同品种对温度的适应能力有较大差异。种子发芽的适宜温度为 15 ~ 25 ℃，叶片生长的适宜温度为 15 ~ 20 ℃，15 ℃以下生长缓慢，30 ℃以上生长受抑制。菜薹的产量和品质与其形成期间的环境条件，尤其是温度高低有密切关系，在 10 ~ 15 ℃条件下，菜薹发育较慢，需 20 ~ 30 天才能形成，但产量较高，品质好，肥嫩；当温度为 20 ~ 25 ℃时，菜薹形成虽然仅需 10 ~ 15 天，但菜薹细，品质下降；温度超过 25 ℃时，菜薹的品质更差。菜薹生长的适宜温度以前期温度稍高，中、后期逐渐降低为最好；而前期较低，后期稍高次之；全期温度均高为最差。早中熟品种在 3 ~ 8 ℃条件下，经 25 天左右可现蕾，而晚熟品种则需 35 天才能现蕾。因此，在生产中必须根据具体条件选用不同品种，才能获得高产。

（2）光照　菜心属长日照植物，但多数品种对日照长短要求不严格，花芽分化和菜薹生长快慢主要受温度影响。但菜心生长要求较强的光照条件，充足的光照有利于菜薹生长。

（3）水分　菜薹喜湿怕涝，对土壤水分条件要求较高，在生产上，以经常保持土壤湿润，又不积水为宜。

（4）土壤和养分　菜心对土壤条件要求不太严格，但为了获得高产，应选择富含有机质、保水保肥、通透性良好、排灌方便的沙壤土或壤土地栽培。菜心对养分的要求以氮素为最多，钾次之，磷最少。一生中吸收氮、磷、钾的比例为 3.5 ∶ 1.0 ∶ 3.4。有机肥料对促进根系生长和提高菜薹品质有显著作用。

（三）类型与品种

一般按菜心生长期的长短和对栽培季节的适应性可分为早熟、中熟和晚熟三种类型。

1. 早熟类型

植株较矮小，生长期短，抽薹早，菜薹细小。腋芽萌发力弱，以采收主薹为主，产量较低。耐热能力较强，对低温敏感，温度稍低就容易提早抽薹。在华北地区，一般于 4—8 月播种，多在 30 ~ 40 天后初收，可连续采收 10 ~ 20 天。生产上常用品种有以下几种：

（1）美青1号菜心　系广东省农业科学院蔬菜研究所育成。株高28 ~ 32厘米。叶片卵圆形，长18厘米，宽8厘米，叶柄短。薹粗，横径约1.5厘米，菜薹长18 ~ 20厘米。茎叶油绿色，有光泽，味道清甜。耐热，耐湿，品质好，抗逆性强。极早熟。亩产1 000千克。

（2）宝青40天菜心　系广东省农业科学院蔬菜研究所育成。植株直立，株高26 ~ 30厘米，茎短缩。根系浅生。基叶斜举，叶片椭圆形，油绿色，有光泽，叶柄短。花薹较粗，油绿色，薹叶细长，质地柔嫩，清甜脆爽。耐热，耐湿，品质好，抗病力强。亩产1 000千克。

（3）四九菜心　产于广州。株形直立，紧凑，适于密植。一般4 ~ 5片叶时即开始抽薹。主茎节间短，高15 ~ 22厘米，横径1.5 ~ 2.0厘米，重约35克，黄绿色，有光泽。腋芽萌发力弱，以采收主薹为主。菜薹组织纤维少，脆嫩，品质较好。该品种耐热抗病，对低温较敏感。适宜早春保护地和夏秋露地栽培。亩产可达1 000 ~ 1 500千克。

（4）油青12号早菜心　系广州市农业科学研究所育成。生长势旺，株高约28厘米，开展度约29厘米。有基叶5 ~ 6片，叶片长卵形，长约19.3厘米，宽约8厘米，叶柄短。薹横径1.4 ~ 1.6厘米，菜薹长22 ~ 24厘米。薹质脆嫩，品质好，丰产性能好。亩产800 ~ 1 000千克。

（5）桂林柳叶早菜心　产于广西桂林。株形直立。叶片长倒卵形，浅绿色。花薹青白色，圆形，纤维少，品质优良。腋芽萌发力强，可采收侧薹。该品种耐热性较强。从播种至初收需 60 天。亩产可达 1 500 千克。

（6）**黄叶早心** 株形直立。叶片长卵圆形，黄绿色。抽薹早，主薹高 25 厘米左右，横径为 1.3 ~ 2.0 厘米。易抽侧薹，品质优良。该品种耐热性较差，多为秋播，播种至初收需经 50 ~ 60 天。一般亩产 1 200 ~ 1 500 千克。

（7）**竹湾早菜心** 广西梧州市地方品种。叶片绿色，狭长。4 ~ 5 叶时抽薹，主薹高 25 ~ 28 厘米，横径约 1.4 厘米，绿色。菜薹质地脆嫩，味甜，品质上等。生长期 50 ~ 55 天，播种至初收约 40 天。耐热、耐湿，适于早播。亩产 1 000 千克左右。

2. 中熟类型

植株高度中等，生长期略长，生长较快。腋芽有一定萌发能力，主薹、侧薹兼收，以主薹为主，菜薹质量好。对温度的适应性较广，耐热性与早熟类型相近，遇低温也容易抽薹。常用品种有以下几种：

（1）**60 天青梗菜心** 植株中等大小，腋芽萌发力强。菜薹质地柔嫩，纤维少，品质好。从播种至初收 50 ~ 65 天，可连续采收 20 ~ 30 天。亩产 1 500 千克左右。

（2）**青梗柳叶中菜心** 叶片长卵形，青绿色。6 ~ 7 片叶开始抽薹，菜薹绿色，薹叶柳叶形。侧薹 3 ~ 4 枝，品质优良。从播种至初收需 50 多天，可连续采收 35 天左右。该品种不耐高温多雨的气候条件。适宜早春和秋冬保护地栽培。亩产 1 200 千克左右。

（3）**桂林柳叶中菜心** 形态特点与桂林柳叶早菜心相似，

但植株较高，腋芽萌发力较强。花薹稍起棱，菜薹质地脆嫩，味佳。该品种从播种到采收需80多天。一般亩产1 500 ~ 2 000千克。

（4）油菜心　叶片倒卵形，先端圆形，绿色，叶柄浅绿白色。主薹高约33厘米，横径约2厘米，浅绿色，表面有少量白粉。菜薹质地柔嫩，纤维少，品质上等。该品种耐寒性较强，耐热性差，抗病能力较强。一般亩产1 500 ~ 2 000千克。

（5）绿宝70天菜心　系广州市农业科学研究所育成的品种。株高约33厘米，开展度约32厘米。有基叶7 ~ 9片，叶片长卵形，长约18厘米，宽约10厘米，深绿色，叶柄长10厘米；有薹叶6 ~ 7片，近柳叶形。主薹高22 ~ 26厘米，横径1.5 ~ 1.8厘米，青绿色，有光泽。薹脆嫩，纤维少，品质优。亩产1 000 ~ 1 500千克。

3. 晚熟类型

植株较大，生长期较长，抽薹迟。腋芽萌发力强，主薹、侧薹兼收，采收期长，菜薹产量较高，不耐热。生产上常用品种有：

（1）迟心2号　系广州市农业科学研究所育成的品种。晚熟。根系发达，耐肥，植株矮壮，半直立生长，略具短缩茎，侧芽生长弱。有基叶7 ~ 8片，叶片阔卵形，长约19厘米，宽约10厘米，绿色，叶柄长13厘米；有薹叶6 ~ 7片，近狭卵形。主薹高25 ~ 27厘米，横径1.5 ~ 2.0厘米，深绿色，有光泽。薹脆嫩，纤维少，不易空心，风味好。丰产。耐寒性中等，抗逆性较强，耐霜霉病、软腐病。

（2）特青迟心4号　系广州市农业科学研究所育成的品种。

植株生长势强，冬性强，植株矮壮，株高30厘米，开展度34厘米。有基叶7～10片，叶片长卵形，绿色，叶柄较短；有薹叶6～8片，狭卵形。主薹高20～24厘米，横径1.5～2.1厘米，绿色，有光泽。薹脆嫩，纤维少，风味好。耐霜霉病。亩产1 000～1 400千克。

（3）三月青菜心　叶片深绿色，叶柄浅绿，6～7片叶时抽薹，腋芽萌发力强，从播种到初收约需55天。该品种较耐寒，遇低温不易提前抽薹，可用于早春和秋冬季保护地栽培，也适于春季露地栽培。一般亩产1 800～2 000千克。

（4）青柳叶迟心　植株较矮。10片基叶时开始抽薹，腋芽萌发力强。主薹绿色，有光泽，品质柔嫩，较耐贮运。从播种至初收需55～60天，可连续采收侧薹20～30天。亩产1 500～2 000千克。

（5）桂林扭叶菜心　广西桂林市地方品种。叶片披针形，叶面皱缩，基叶15～16片时开始抽薹，此时叶片开始扭曲。主薹粗壮，高约42厘米，横径约2厘米，侧薹发达，质地脆嫩，纤维少，风味好，品质上等。该品种从播种至初收60～70天，可连续采收30～40天。耐寒性强，但不耐热，需肥水较多，产量高。

（6）迟心29号　系广州市农业科学研究所育成的新品种。株形较高大，根系发达，侧芽萌发力较强。基叶丛生，叶片柳叶形，13～15片基叶时开始抽薹。菜薹深绿色，高31～32厘米，横径1.8～2.0厘米，品质优良。该品种晚熟，生长期75～85天。冬性强，适应性也较强。耐霜霉病和软腐病，耐贮运。一般亩产 1 000 ~ 1 250 千克。

（7）竹湾迟菜心　广西梧州市地方品种。该品种植株高大。叶片较大，着生密，长椭圆形，青绿色。腋芽多而壮。主薹短粗，无空心，菜薹柔嫩，味甜，品质上等。该品种自播种至初收需 55 ~ 60 天。耐寒性较强。产量高，一般亩产 1 500 ~ 2 000 千克。

（四）栽培技术

1. 栽培季节

（1）华南地区　早熟品种一般于 4—8 月播种，播后 30 ~ 45 天开始收获，采收供应期在 5—10 月；中熟品种一般于 9—10 月播种，播后 40 ~ 50 天收获，采收供应期在 10 月至翌年 1 月；晚熟品种一般 11 月至翌年 3 月播种，播后 45 ~ 55 天开始收获，采收供应期在 12 月至翌年 4 月。可实现周年生产，均衡供应。

（2）长江流域　栽培季节与华南地区基本一致，但在冬季温度较低时，可以扣塑料棚增温，以满足菜心在不同生育时期正常生长对温度的要求。

（3）华北地区　可按品种对温度的适应性，于春、夏、秋三季排开播种。早春提前栽培和深秋延后栽培可利用塑料大棚增温，冬季可在日光温室中栽培。

2. 播种育苗

（1）选种及消毒　选用 1 ~ 2 年的种子，种子应饱满、干净，去瘪籽可用水选法。有些病虫害是通过种子传播的，因此播种前的消毒处理可以切断病菌通过种子传播这条途径。防治霜霉病、黑斑病，可用 75% 百菌清可湿性粉剂或 50% 福美双可湿性粉剂，按种子量的 0.4% 拌种。防治软腐病，可用菜丰宁或专用种衣剂拌种。温汤浸种可防治病毒病、菌核病。温汤浸种过程中要不断搅动，防止局部受热，烫伤种胚。

（2）育苗 菜心以育苗移栽为主，也可直播。在不同栽培季节，应选择不同的育苗方式。夏秋季栽培可在露地育苗，早春和冬季栽培须在保护地育苗，其苗龄一般以 20 ～ 30 天为宜。

夏秋季露地育苗，应选择地势较高处做苗床。每亩施充分腐熟的优质农家肥 4 000 千克、过磷酸钙 50 千克、复合肥 25 千克，翻耕床土与粪肥混合，整平做畦，灌足底水，墒情适宜时进行播种。一般可采用撒播，每亩播种 0.4 千克，播后盖 1 厘米厚细土。子叶平展与真叶展开后分别进行间苗，保证幼苗足够的营养面积，防止因拥挤而徒长，降低秧苗质量。

夏秋季露地育苗，常受高温干旱或雨水的影响，应在苗床上设置遮阳棚，防烈日暴晒，或设塑料膜大棚防暴雨袭击。干旱要及时浇水，保证幼苗健壮生长。

早春和冬季保护地育苗，应浸种催芽，待种子萌芽后播种。将床土耙平踩实，浇足底水，水下渗后均匀撒种，再用细土覆盖 0.5 ～ 1.0 厘米厚。将薄膜扣严，提高床温促进出苗。幼苗出齐后，开始放风，适当降低床温，防止幼苗徒长。在幼苗生长期，床温白天保持 20 ～ 25 ℃，夜间保持 10 ～ 15 ℃。定植前 3 ～ 5

天应加大放风量，使秧苗得到锻炼。

苗出齐后，立即间苗。拔除并生、拥挤、过密的小苗。在第一片真叶展开前，共间苗 2 ~ 3 次。最后保持苗间距 3 ~ 5 厘米，使幼苗有足够的营养面积，防止过密发生徒长。第一片真叶展开时追施一次肥。苗期保持土壤见干见湿，每 5 ~ 7 天浇一次水。定植时秧苗的形态是：有叶片 4 ~ 5 片，苗龄 18 ~ 22 天，根系发达完整。

3. 定植

栽植菜心的园田应选择地势较高、土质肥沃、排灌方便的沙壤土或壤土地块。每亩施腐熟农家肥 5 000 千克，翻耕耙细，做成宽 1 米左右平畦，畦内再撒施化肥，一般每亩施复合肥 25 千克，与土混匀后即可定植。

定植前，育苗床要灌足水，割坨起苗，尽量少伤根。在畦面上按预定的行株距开穴，放入苗坨，加土栽稳栽实，浇透定植水。菜心秧苗不要栽植过深，以利于根系发育。定植密度因品种而异，一般早熟品种的行株距为 17 厘米 ×13 厘米，晚熟品种的行株距为 23 厘米 ×17 厘米。定植密度还要考虑采收方式，一般只采收主薹的可适当密些，主薹、侧薹兼收的则可稀些。

菜心在园田直播时，多采用撒播，也可按预定行距开沟条播。每亩播种 0.5 千克左右。幼苗出土后要及时间苗，保证幼苗有（6 ~ 7）厘米 ×（6 ~ 7）厘米的营养面积。5 ~ 6 片真叶时按预定株距定苗。

高温和雨季做好降温防雨工作。

4. 田间管理

（1）中耕除草　定植缓苗后应及时中耕松土，增加土壤通透性，调节土壤温度和水分状况，促进发根和植株生长。降雨和浇水后要进行多次中耕除草，防止土壤板结，避免发生草荒。

（2）追肥　菜心为速生蔬菜，生长期短，根系又浅，栽植密度大，在施足基肥的基础上，生育期间还要多次追施速效化肥，以提高产量和品质。追肥主要应掌握三个时期：定植缓苗后要追提苗肥，每亩施腐熟豆饼 50 千克，或尿素 15 ~ 20 千克，结合中耕将肥料埋入土中。植株开始现蕾抽薹时追催薹肥，每亩施用复合肥 25 千克，但施肥时间应距采收期 30 天以上。因此，后期追肥最好使用腐熟的豆饼水，随浇水冲入田间，渗入土壤。如果继续采收侧薹，则应在植株大部分主薹采收后，侧薹开始发生期随行第三次追肥。施肥数量和种类根据植株生长情况而定。在高温季节也可用磷酸二氢钾进行叶面喷肥。

（3）浇水　菜心根系浅，不耐旱也不耐涝，对水分条件要求较高，生产上应掌握少量勤灌的原则，缓苗后结合追肥要灌一次缓苗水，促进根系发育扩展。在叶片生长期要适当灌水，使地表见干见湿，以扩大叶面积，增强光合作用，但这一时期水分不宜过多，以免延迟现蕾抽薹。当大部分植株现蕾，开始抽薹后，应增加灌水次数，保持土壤表层经常处于湿润状态，以扩大叶面积，加速花薹伸长，提高产量和品质。

（五）病虫害防治

菜心的主要病害有软腐病、霜霉病和菌核病，虫害有黄曲条跳甲、菜螟、菜青虫等，其防治方法可参照“一、不结球白菜”中病虫害防治相关内容。

（六）采收

采收菜心要适时，采收过早，菜薹产量低；采收偏晚，则菜薹老化，品质降低。采收是否及时，还与天气条件有关。高温干旱时，菜薹发育迅速，容易开花，必须及时采收；而低温潮湿的天气，菜薹发育较慢，延迟 2 ~ 3 天采收，对品质影响不大。因此，采收菜薹应随时进行，成熟一批采收一批。采收的方法是：如能采收侧薹的，则在采收主薹时，从植株基部留 3 ~ 4 节切下花薹，利用留下的腋芽萌发侧薹，以后陆续采收。但留下腋芽过多，会使侧薹生长细弱，产品质量降低。如果只收主薹，则主薹采收节位可降低 1 ~ 2 节。除采收菜薹外，还可整株采收供食，整株采收的标准是：当主薹抽出，长至“齐口花”之前，基部叶片仍保持鲜嫩时采收。采收时应该选择一天中温度最低的时间进行，避开中午温度最高的时间。

适时采收的标准是菜薹高度达到叶的先端，上部有几朵初开的小花（俗称“齐口花”）。

（七）菜心的标准及分级

采后根据出口标准或企业标准进行分级。要求产品成熟度适宜；叶片无斑点、无破损，叶面清洁、新鲜，无萎蔫，外部无泥土；无杂物、无腐烂、无病虫害及其他伤害。将相同品种、等级、大小规格的产品整齐码放在容器中，箱上标明品名、等级规格、净重、产地。将箱口封好。

（八）菜心的运输、加工与贮藏

参见“一、不结球白菜”相关内容。

菜心采后不能马上运走的要注意遮阴，防止曝晒。采后应该通过预冷尽快散发田间热，以保证产品以最佳质量供应市场。运输中尽量减少机械损伤，同时用冷藏车运输，车厢内温度保持在5 ℃以下。菜心的贮藏温度控制在0 ℃，空气相对湿度控制在95%～98%。

八、紫菜薹

（一）概述

紫菜薹（图 8–1），别名红菜薹、红油菜薹，是以嫩花茎供食用的蔬菜，与菜心同属于十字花科芸薹属芸薹种白菜亚种的一个变种。紫菜薹原产中国，以柔嫩的花薹为产品。

图 8–1　紫菜薹

紫菜薹是我国特产蔬菜，其生长期短，较耐寒，产量较高，可周年栽培。在我国，紫菜薹主要分布在长江流域，以四川成都和湖北武汉栽培普遍。

紫菜薹品质柔嫩，清脆爽口，营养丰富，每 100 克鲜菜中含水分 92 ~ 95 克、蛋白质 1.3 ~ 2.1 克、碳水化合物 1.4 ~ 4.2 克、脂肪 0.3 ~ 0.5 克、纤维素 0.7 克。矿质元素含量较高，其中含钙 135 毫克、磷 27 毫克、铁 1.3 毫克。还含有多种维生素，胡萝卜素 0.8 ~ 1.0 毫克、维生素 C 79 毫克、维生素 B_3 0.8 毫克。

紫菜薹的花薹品质柔嫩清香，食用方法很多，用作炒食，既可配鸡肉、猪肉等荤炒，也可素炒，口味都十分鲜美，还可用沸水稍烫后做凉拌菜，又是汤菜的上等原料。

（二）生物学特性

1. 形态特征

紫菜薹为一二年生蔬菜作物，浅根系植物，主根不发达，须根多，再生能力强。茎短缩，发生多数基生叶。叶片紫绿色，椭圆形或卵圆形，叶缘波状，叶脉明显，叶柄长，紫红色。花薹近圆形，紫红色，内部白色，高 30 ~ 40 厘米。腋芽可萌发多数侧花薹。花薹叶片细小，倒卵形或近披针形，基部抱茎成为耳状。总状花序，完全花，花冠黄色。果实为长角果，长 5 ~ 7 厘米。种子近圆形，紫褐至黑褐色，千粒重 1.5 ~ 1.9 克。

2. 生育周期

紫菜薹的生长发育过程与菜心基本相同，可分为发芽期、幼苗期、叶片生长期、菜薹形成期和开花结果期。在适宜的条件下其发芽期一般需要 5 ~ 7 天，幼苗生长期 15 ~ 20 天。紫菜薹的营养生长时间较长，基生叶发生较多，腋芽萌发力较强，能不断萌发侧薹。所以，紫菜薹的侧薹产量占的比重较大。紫菜薹一般在幼苗期和叶片生长期进行花芽分化，花芽分化早晚因品种和播种期不同而异。

在生产上必须根据不同品种特点，掌握适宜的播种期，使紫菜薹在适宜的条件下生长发育，才能获得较高的产量。

3. 对环境条件的要求

（1）温度　紫菜薹是喜冷凉的蔬菜作物。种子发芽适宜温度为 20 ~ 25 ℃，营养生长期适宜生长温度为 20 ~ 25 ℃，30 ℃

的较高温度和15 ℃以下的较低温度也可生长，但生长缓慢，虽无明显影响，但紫菜薹发育不良，10 ℃以下则生长更慢。

（2）光照　紫菜薹属长日照植物，但对光照长短要求不严，在不同季节栽培，只要其他条件适宜，均可正常生长发育。紫菜薹的生长要求较充足的光照条件，弱光下难以获得高产。

（3）水分　紫菜薹怕旱也不耐涝。受旱不但生长不良，而且容易发生病毒病；湿度过大又易引起软腐病。生育期间应经常保持土壤潮润，避免过旱和过湿。

（4）土壤和养分　紫菜薹对土壤的适应性广，但由于根系较浅，应选择土质肥沃、有机质含量较高、保水保肥能力强的壤土或沙壤土种植。对主要矿质元素的需求与菜心基本相同。

（三）类型与品种

根据紫菜薹对气候的适应性可分为早熟、中熟和晚熟三种类型。

1. 早熟类型

不耐寒，较耐热，适于温度较高的季节栽培，按叶的形态又可分圆叶品种和尖叶品种。生产上应用的主要品种有：

（1）湘红1号　系湖南省蔬菜研究所育成的一代杂种。株高20 ~ 30厘米，开展度55厘米左右。莲座叶7 ~ 8片，紫绿色，长卵形。菜薹皮亮紫色，无蜡粉，薹长30厘米，横径1.5 ~ 2.0厘米，菜薹肥嫩，味甜，含少量纤维，风味浓，品质佳。极早熟。耐热，较耐旱，抗病性强。

（2）大骨子　植株高大而开展。基生叶椭圆形，叶柄、中肋均为紫红色。主薹高 50 ～ 60 厘米，横径约 2 厘米，紫红色。腋芽萌发力强，每株可收侧薹 20 ～ 30 根，品质较好。该品种耐寒能力较弱。一般亩产 1 250 ～ 1 500 千克。

（3）尖叶子红油菜薹 植株矮小。基生叶近披针形，顶端稍尖，深绿色，叶柄和叶脉紫色。主薹较小，腋芽萌发力强，品质中等。该品种较耐热。一般亩产 750 ～ 1 000 千克。

（4）湘红 2 号 系湖南省蔬菜研究所育成的一代杂种。株高 45 厘米，开展度 70 厘米左右。基生叶 10 片左右，叶长 45 厘米，宽 15.5 厘米。菜薹皮亮紫色，无蜡粉，薹长 35 厘米，横径 2 厘米，菜薹肥嫩，味甜，含少量纤维，风味浓，品质佳。早熟。较耐热，耐寒，中抗软腐病。亩产 2 000 ～ 2 500 千克。

（5）湘红 9 月 系湖南省蔬菜研究所育成的一代杂种。植株生长势中等。菜薹中等大小，侧茎横径 1.8 厘米。风味好，采收期相对较长。极早熟。抗逆性强，较耐热。

（6）红杂 50 华中农业大学选育的一代杂种。极早熟。播种至始收 50 天左右。主薹粗壮，侧薹 4 ～ 6 根，薹色鲜艳，无蜡粉，薹叶 3 ～ 4 片，长条形，薹长 30 ～ 35 厘米，单薹重 32 克左右，商品性好。较抗黑斑病、病毒病、软腐病和霜霉病。

2. 中熟类型

耐热性不及早熟类型，耐寒性又不及晚熟类型。主要品种有以下几种：

（1）二早子红油菜薹 植株中等大小。基生叶卵圆形，绿色，叶柄和叶脉紫色。主薹较大，腋芽萌发力强，侧薹较多，抽薹整齐，品质好。较耐热。亩产 1 250 千克。

（2）中红菜　湖南长沙地方品种。植株开展度较大，叶椭圆形，紫色，叶缘波状，叶面光滑，蜡粉较少。叶柄半圆形，紫红色。主薹长50厘米，紫色；薹叶窄长，近剑形。单株薹数16 ~ 20根。适应性广，耐寒。冬性较强，抽薹较迟，薹茎肥嫩，薹叶较少，品质优良。

（3）红杂70　华中农业大学选育的一代杂种。主薹粗壮，侧薹6 ~ 7根，薹色鲜艳，无蜡粉，薹叶3 ~ 4片，长披针形。薹长30 ~ 40厘米，单薹重40克左右，商品性好，品质佳。生长势强，较抗黑斑病、病毒病、软腐病和霜霉病，较耐寒。

3.晚熟类型

耐热性较差，耐寒力较强，腋芽萌发力较弱，侧薹较少，主要品种有：

（1）胭脂红　植株中等。基生叶长卵形，紫绿色。主薹高40 ~ 50厘米，横茎1.6厘米，深紫红色，腋芽萌发力较弱，侧薹较少，品质优良。该品种耐寒能力强，亩产可达1 500千克以上。可用保护设施作秋季延后栽培。

（2）迟红菜　湖南长沙地方品种。植株中等，开展度大。叶近圆形，绿紫色，叶柄紫色，薹叶短而宽，暗紫色。单株薹数12 ~ 16株。晚熟。耐寒，适应性广，冬性强，抽薹迟，品质好。

（3）阳花油菜薹　四川成都地方品种。叶近圆形，深绿色带紫红，叶脉、叶柄红色。每株侧薹数较少。耐寒，产量较高，品质优良。

（四）栽培技术

紫菜薹的栽培技术与菜心基本相同，其栽培要点如下：

1. 播种育苗

（1）选种及消毒 选用1～2年的种子，种子应饱满、干净，去瘪籽可用水选法。播种前的消毒处理可有效减轻病害的发生，菜丰宁或专用种衣剂拌种可防止软腐病。防治霜霉病、黑斑病可用75%百菌清可湿性粉剂按种子量的0.4%拌种。温汤浸种可防治病毒病、菌核病。

（2）适期播种 根据紫菜薹对环境条件的要求，宜在温度稍高时播种育苗，并使紫菜薹在此条件下进行营养生长。而使菜薹形成期处在较低温度条件下，并持续较长时间，才有利于提高紫菜薹的产量和品质。因此，根据各地气候条件，选择适宜的播种期是关键措施之一。在长江流域，早熟品种多于8—9月播种育苗，晚熟品种9—10月播种育苗；华北地区应早播20～30天。过早播种，花芽分化迟，延长营养生长期，延迟抽薹，且易发生病毒病和软腐病；过迟播种，则提早分化花芽，提前抽薹，都不利于提高菜薹质量。

育苗地应选择肥沃的壤土或沙壤土地块，每亩施优质农家肥5 000千克、过磷酸钙50千克，翻耕耙平后做畦，畦内再撒施豆饼50千克、复合肥25千克。可采用条播或撒播，每亩苗床播种0.50～0.75千克。幼苗出土、真叶展开后要及时间苗，保证幼苗有足够的营养面积。当日历苗龄达25～30天，生理苗龄达5片真叶时，应及时移栽。

栽培田块宜选择肥沃疏松的壤土或沙壤土地块，每亩施腐熟有机肥 3 000 千克，深翻后做成宽 1 米左右、高 20 ~ 30 厘米的畦，畦面为龟背形，以利于防涝排水。畦长自定。

2. 定植

紫菜薹定植田块的整地施肥、定植方法与菜心相同。由于紫菜薹营养生长期较长，侧薹多，所以定植密度应稀一些，因品种和栽培季节不同，定植的行株距一般为（33 ~ 60）厘米 ×（20 ~ 23）厘米。定植时应小心，少伤根系。定植后及时浇水。高温和雨季要做好降温防雨工作。

3. 田间管理

（1）中耕除草 定植缓苗后应及时中耕松土，调节土壤温度和湿度，促进根系生长。降雨和灌水后也要进行中耕除草，以防止土壤板结，杂草生长。

（2）肥水管理 紫菜薹生长期长，采收时间也比菜心长，必须加强肥水管理。施肥应做到基肥与追肥并重。在施足基肥的基础上，还要进行多次追肥。在定植后每亩可施用尿素 10 千克；叶片旺长期，每亩施用尿素 15 千克，或施用腐熟豆饼 50 千克；现蕾抽薹时，每亩可施用氮磷钾复合肥 25 千克。

值得强调的是，使用化肥的时间应距采收期 30 天以上。每次追肥后都应灌水，保持土壤湿润。但水分不宜过多，防止引发病害。入冬前要控制肥水，防止生长过旺而遭受冻害。

（五）病虫害防治

紫菜薹的病虫害防治可参照“一、不结球白菜”中病虫害防治相关内容。

（六）采收

正确掌握采收标准是保证紫菜薹产量、质量的重要环节。菜薹高与叶的先端并齐时为始收期，在节假日期间菜价较高，可适当采收，以达到效益最大化。到达采收期时，如气温低可晚收2～3天，气温高则及时采收。为了保证侧薹的质量，主薹采收应在紫菜薹基部留3～4节刈取，保留少数腋芽，使萌发的侧薹粗壮。切口略倾斜，以免积有肥水，引起软腐病。避免雨淋，避免人力、机械或其他伤害。

采收应选择一天中温度最低的时间进行，一般在早晨露水干后或下午太阳快落山的时候采收，避开中午温度最高的时间。

（七）紫菜薹的标准及分级

参见“一、不结球白菜”相关内容。

（八）紫菜薹的运输、加工与贮藏

参见“一、不结球白菜”相关内容。

九、乌塌菜

（一）概述

乌塌菜（图 9-1），别名塌地菘、黑菜、塌棵菜、太古菜等，是以墨绿色叶片供食用的蔬菜，为十字花科芸薹属芸薹种白菜亚种的一个变种，二年生草本植物。原产中国，主要分布在长江流域，已有近千年的栽培历史。

图 9-1　乌塌菜

乌塌菜能在春节前后收获，在叶菜中不失为上品。近年来，我国北方引进种植，面积不断扩大。加保温设施可周年生产，均衡供应市场。乌塌菜适应性广，耐寒力强，生长期短，产量高，容易种植，用工少，是一种很有发展前途的优质蔬菜。

乌塌菜叶厚、色绿，可食率超过95%，营养价值较高。据分析，每100克鲜菜中含水分92克、蛋白质3.0克、碳水化合物3.1克、脂肪0.4克、纤维素0.8克；富含矿质营养元素，其中钙高达160 ~ 241毫克、磷51 ~ 68毫克、铁3.3 ~ 4.4毫克、铜0.111毫克、硒2.39毫克、锌0.306毫克。维生素含量也较高，胡萝卜素为2.63 ~ 3.50毫克、维生素C 75毫克、维生素B_3 0.9毫克；可提供100千焦的热量。

乌塌菜叶片肥厚，柔软脆嫩，特别是经低温和霜雪之后，可溶性糖类增加，口味清甜鲜美，更受消费者欢迎。乌塌菜具有重要的药用价值，常吃乌塌菜可防止便秘，增强人体防病抗病能力，泽肤健美。在食用方法上，既可炒食、做汤，也可凉拌、腌渍，又是烹调各种肉类的上等配菜，色香味均佳。但烧煮乌塌菜时需注意不能煮得过烂，以免损失营养成分。

（二）生物学特性

1. 形态特征

乌塌菜植株开展度大，莲座叶塌地或半塌地生长。乌塌菜根为肉质直根，须根较发达，但分布较浅，再生能力强，适于育苗移栽。茎短缩，株丛塌地或半塌地生长。莲座叶片椭圆形至倒卵形，色浓绿，霜后变墨绿色，叶面平滑或皱缩，叶柄长，白绿色。乌塌菜为总状花序，花黄色，果实为长角果，种子赤褐色至黑褐色，圆形，千粒重 1.5 ～ 2.2 克。

2. 生育周期

（1）发芽期　从种子萌动到子叶展开，真叶显露。

（2）幼苗期　从真叶显露到形成第一个叶序。

（3）莲座期　从第一个叶序形成开始至再展出 1 ～ 2 个叶序，即进入莲座期。以后莲座叶继续生长，增重，直至营养体收获，这一时期是个体产量形成的主要时期。

（4）抽薹孕蕾期　抽生花茎，发出花枝。主花茎和侧枝上长出茎生叶，顶端形成花蕾。

（5）开花结果期　花蕾长大，陆续开花、结实。

乌塌菜以莲座叶为产品，幼苗期叶面积的增长速度比叶重增长快；进入莲座期后叶重增长加快，到生长后期，叶重的增长主要是叶柄的增长，并成为养分的贮藏器官，为生殖生长奠定物质基础。

3. 对环境条件的要求

（1）温度　乌塌菜喜冷凉的气候条件，适应性广。种子发芽最适温度为 20 ～ 25 ℃，最低发芽温度为 4 ～ 8 ℃，最高温度为 35 ℃。营养生长期的适宜温度为 18 ～ 22 ℃，其中幼苗期要求温度稍高些，而在莲座期要求温度较低。乌塌菜从种子萌动即可接受低温而完成春化发育，但不同品种类型对低温感应不同：① 弱冬性品种，在 0 ～ 12 ℃温度下，经 10 ～ 20 天可完成春化发育；② 冬性品种，在 0 ～ 9 ℃的温度下，经 20 ～ 30 天可通过春化发育；③ 强冬性品种，在 0 ～ 5 ℃的温度下，经 40 天以上才能完成春化发育。如果缺乏一定的低温条件，便不能现蕾、抽薹、开花。乌塌菜耐寒性强，在生育期间遇短期的 –10 ℃低温也不致冻死。但乌塌菜不耐热，25 ℃以上的高温及干燥条件，生长衰弱，易受病毒病危害，品质明显下降。

（2）光照 乌塌菜为长日照植物，长日照及较高的温度条件有利于其抽薹、开花。乌塌菜喜较强的光照，光照充足有利于生长，阴雨弱光下品质下降，产量降低。

（3）水分 乌塌菜叶片较大，根系入土较浅，需水量较多，全生育期都需要充足的水分。但不同生育时期需水量不同。在幼苗期，植株生长量小，需水量也少；进入莲座期以后，植株旺盛生长，需水量明显增加，如果缺水，则不仅影响叶片生长，降低产量，而且叶片组织纤维素增多，降低品质。

（4）土壤和养分 乌塌菜对土壤的适应性较强，但以富含有机质、保水保肥能力强的黏壤土或冲积土最适宜。土壤以中性至微酸性最好。由于乌塌菜以叶片为产品，因而对肥料三要素的需求量以氮素为最多，钾次之，磷较少。尤其在旺盛生长期，氮素是否充足，对产量和品质影响最大。乌塌菜对磷肥的吸收量虽然较少，但在幼苗期可促进根系发育。土壤中微量元素不足，也会引起缺素症，应注意合理施用。

（三）类型与品种

乌塌菜的类型很多，按叶形和颜色可分为乌塌类和油塌类。乌塌类叶片小，色深绿，叶面多皱缩。油塌类系乌塌菜与油菜的天然杂种，其叶片较大，绿色，叶面平滑。在生产上多按植株的塌地程度进行分类，可分成以下两种类型：

1. 塌地类型

又称矮桩型。叶丛塌地，植株与地面紧贴，平展生长，8 叶一轮，开展度 20 ~ 30 厘米。中部叶片排列紧密，隆起，中心如菊花心。叶椭圆形或倒卵形，墨绿色，叶面微皱，有光泽，全缘，四周向外翻卷，叶柄浅绿色，扁平。生长期较长，单株重 0.2 ~ 0.4 千克。常用品种有：

（1）京绿乌塌菜　系北京农林科学院育成的杂种一代。生长期 55 ~ 60 天，植株生长势较旺，株高 19 厘米，开展度 35 厘米。叶数多，叶簇紧密，叶片小，近圆形，叶色翠绿，叶面皱缩有光泽，叶柄较长，扁平，浅绿色。单株重 0.15 千克，亩产 1 600 千克左右。抗病，商品性好，耐抽薹性中上。

（2）小八叶　植株塌地，开展度 20 厘米左右。中部叶片排列紧密，隆起。叶片近圆形，深绿色，叶面皱缩，全缘，叶柄浅绿色，扁平。单株重 0.3 千克左右。该品种较早熟，生长期约 70 天，抗寒能力强，品质佳，纤维少，口味鲜美。

（3）中八叶　植株塌地，开展度约 25 厘米。叶片近圆形，深绿色，叶面皱缩，全缘，叶柄浅绿色，扁平。单株重 0.35 千克左右。抗寒能力强，含纤维较少，品质较好。生长期 80 天左右。

（4）大八叶　植株塌地，开展度约 30 厘米。中部叶片排列较稀。叶片近圆形，深绿色，叶面皱缩，全缘，叶柄浅绿色，扁平。单株重 0.5 千克左右。该品种抗寒能力强，纤维含量中等，味较淡，品质稍差。

（5）常州乌塌菜　常州农家优良品种。叶片椭圆形或倒卵圆形，墨绿色，叶面微皱，有光泽，全缘，四周向外翻卷，叶柄浅绿色，扁平，较狭。单株重 0.4 千克左右。耐寒性较强，霜后特别甜美，品质上等。该品种生长期 120 ~ 150 天。一般亩产 1 500 ~ 3 000 千克。

（6）黑叶油塌菜　植株塌地，开展度 30 厘米。叶片近圆形，深绿色，叶面平滑，全缘，叶柄浅绿色，扁平。单株重 0.25 ~ 0.35 千克。抗寒能力较强。味淡，纤维较多，品质较差。生长期 120 ~ 130 天。

2. 半塌地类型

也称高桩型。植株不完全塌地，叶丛半直立。常用品种有以下几种：

（1）瓢儿菜　又称乌菜。植株较矮小，株高 20.0 ~ 26.5 厘米，开展度约 40 厘米。叶片近圆形，绿色，叶面光滑，植株中部叶片有瘤状皱缩，心叶皱缩最甚，并且越近心叶其颜色越浅，由浅绿色转黄色，称为菊花心，叶柄略宽扁，绿白色。平均单株重 0.45 千克。叶质柔嫩，纤维较少，霜后风味更佳。该品种抗病性、耐寒性强，不耐热。

（2）太古菜　植株很矮，株高 18 厘米左右，开展度约 35 厘米。叶横展近于塌地类型，叶片近圆形，墨绿色，叶面有小瘤状皱缩，越近植株中心部位的小叶片皱缩越甚，叶色也逐渐变浅，直至黄绿色，叶缘向外翻卷，叶柄窄长，浅绿色。平均单株重 0.3 千克。叶片质地柔嫩，纤维少，品质中上，霜后风味更好。该品种抗病性、耐寒性强，不耐热。

（四）栽培技术

1. 栽培季节

乌塌菜需要充足的光照才能旺盛生长。较长时间的阴雨弱光，会使叶柄细长，叶片小而薄，风味变差，食用价值降低。乌塌菜抗寒性较强，经低温、霜冻后，风味更加清甜鲜美，食用品质明显提高。根据这些特点，各地应根据不同气候条件安排栽培季节。华北地区，一般于8月播种育苗，日历苗龄30天，长出5 ~ 6片叶时，于9月份移栽，11—12月收获。熟性不同的品种，应先后适当错开播种期，以延长供应时间。如越冬栽培，可在9月底播种育苗，11月上旬移栽到保护地（冷床或大棚），春节前后至早春淡季采收上市。

2. 播种育苗

乌塌菜可直播，也可育苗移栽。为方便苗期集中管理，或与其他蔬菜间套种，多采用育苗移栽的方式。

育苗地应选择土质疏松肥沃的地块，每亩施优质农家肥5 000千克，深耕30厘米，整平，做成平畦，浇透底水。墒情适宜时，每亩施25千克氮磷钾复合肥，随之浅耙，使肥料与土混匀。乌塌菜播种多采用撒播法，可用干籽或浸泡1 ~ 2小时的湿籽播种，播后覆盖1厘米厚的细土，每亩苗床播种0.75 ~ 1.00千克。两片真叶展开时间苗。当幼苗长到5 ~ 6片真叶时要及时移栽。苗期要保证充足的水肥供应。

3. 定植

栽植乌塌菜的田块，在前茬作物收获后要及早整地，每亩施优质农家肥 5 000 千克、复合肥 25 千克、尿素 20 千克，翻耕后耙平，做成平畦或小高畦。定植的行株距可为（27 ~ 33）厘米 ×（21 ~ 25）厘米，每亩植苗 10 000 株左右。秧苗应带土移栽，随后浇定植水，次日再浇一次水。应当注意：不同季节定植的深浅要有区别，早秋定植宜浅栽，因温度较高，深栽易使心叶发生腐烂。寒露以后定植，因天气转凉，可适当深栽，有利于防寒。另外，土质疏松的宜深栽，土质黏重的宜浅栽。

乌塌菜也可直播。播种期因气候条件而异，在华北地区一般于 8 月中旬至 9 月上旬播种，80 天左右即可收获。每亩播种 0.5 千克左右。播种时应在做好的畦面上再浅耙一次，达到畦平土细，再均匀撒种，播后浇水。出苗后要及时间苗，第一次间苗在播种后 7 ~ 15 天、幼苗具 1 ~ 2 片真叶时进行，间苗距离为 3 ~ 4 厘米。间苗时注意剔除弱苗、病苗和畸形苗，使苗距均匀，营养面积相近；第二次间苗在幼苗具 3 ~ 4 片真叶时进行，间苗距离为 7 ~ 8 厘米。幼苗长到 6 片真叶时进行定苗，留苗株行距为 25 厘米 ×25 厘米，每亩留苗 10 000 株左右。

4. 田间管理

应根据气候条件和栽培季节不同，采取相应的管理措施。原则上是气温较高时可适当增加肥水供应，气温降低后应减少肥水供应。一般在定植缓苗后和直播田定苗后及时追肥，每亩追施尿素 15 千克，随后灌水，促进幼苗生长。以后根据土壤肥力和生长情况，再追肥灌水 2 ~ 3 次，也可叶面喷施 0.5% 的尿素。每次施肥浇水之后应适时中耕松土。

乌塌菜是喜冷凉的蔬菜，但在秋季栽培时，特别是长江以南地区，常遇高温和强风暴雨的危害，影响正常生长，甚至损伤叶片和根系。为了确保乌塌菜稳产、高产，应选择耐热性强、生长速度快、抗逆性强的品种，并创造阴凉环境，育苗时可在苗床上设置遮阳棚。灌溉要用凉水轻浇、勤浇。越冬栽培时，除选择耐寒性强的品种外，北方也可利用阳畦、大棚设施等生产乌塌菜。

（五）病虫害防治

乌塌菜多在冷凉季节栽培，病虫害发生较轻。常见的病害主要有霜霉病和软腐病，虫害有蚜虫和菜青虫，可参照“一、不结球白菜”中病虫害防治相关内容。

（六）采收

乌塌菜采收期视气候条件、品种特性和消费需要而定。在华北地区 8—9 月播种的乌塌菜，50 ~ 60 天后即可收获上市。但早收的，因生长期短，产量低。为了保证产量和质量，以霜后收获为宜。因为霜冻后收获的乌塌菜，叶片含糖量高，叶厚质嫩，风味更佳。

采收时应选择一天中温度最低的时间进行，按长度要求用小刀整齐采下，并按品种、等级分别包装。

（七）乌塌菜的标准及分级

参见“一、不结球白菜”相关内容。

（八）乌塌菜的运输、加工与贮藏

参见“一、不结球白菜”相关内容。

乌塌菜采后不能马上运走的要注意遮阴，防止曝晒。运输中尽量减少机械损伤。预冷库温度控制在 0 ~ 1 ℃，空气相对湿度 95% 以上。从采收地将菜直接运往预冷库，一般时间不要超过 2 小时。同时用冷藏车运输，车厢内温度保持在 5 ℃以下。

十、苏南叶菜周年茬口安排及可持续发展采取的措施

江苏省长江以南地区（以下简称苏南）蔬菜生产形势近年来发生了很大变化。随着苏南城市化进程不断加快，蔬菜生产全社会比较效益持续降低，尽管蔬菜总面积呈减少趋势，但是不能大量长途运输、苏南城乡居民喜食的城郊型叶菜生产仍然在不断调整中得到发展，如江苏小白菜每年播种面积为210万亩（14万公顷）左右，小白菜已成为全省第一大蔬菜作物。现就苏南叶菜周年茬口和生产面临的问题进行分析，并提出发展建议。

（一）苏南叶菜周年生产形成了新的茬口类型

由原来的春夏、夏秋、秋冬和冬春4个茬口发展到现在的秋冬、冬、冬春、春、春夏、夏、夏秋、秋茬8个茬口和58个叶菜周年生产茬口布局。

1. 叶菜栽培种类演变趋势明显

（1）喜食叶菜的种类变化趋势不大　苏南58个叶菜周年生产茬口布局中，小白菜、莴苣、芹菜、蕹菜、苋菜、黄花苜蓿、芫荽、豌豆苗等在传统“两大缺一小缺”布局中和城乡居民喜食叶菜中继续发挥重要作用，其中周年茬口布局最多的是小白菜、莴苣和芹菜，涉及33个周年生产布局，占周年布局总数的56.9%；其次是蕹菜、苋菜和黄花苜蓿，涉及11个周年生产布

局，占周年生产布局总数的 19.0%。

（2）秋冬盐渍叶菜、甘蓝和大白菜在苏南叶菜周年布局中显著减少 用于制作咸菜的雪里蕻等芥菜类蔬菜、大棵白梗菜等减少最多，可以在冬季长期储存、棵型巨大、适于长途运输的甘蓝及大白菜显著减少。

（3）花色叶菜种类显著增多 油麦菜、青花菜、松花菜、芥蓝、茼蒿、生菜、紫甘蓝、抱子甘蓝以及药食同源的功能蔬菜在苏南叶菜周年布局中显著增多。功能蔬菜品种有紫背天葵、香椿、芦笋、秋葵、冰菜、马兰头、菊花脑、冬寒菜、番杏、苦苣、面条菜、土三七（费菜）、马齿苋、扫帚菜、雪樱子、枸杞、豆瓣菜、蒲公英、穿心莲等。

2. 单一叶菜周年生产种类增多

主要种类有小白菜、大白菜、甘蓝、芹菜、莴苣、油麦菜、生菜、番杏等。与此同时，无锡等地出现了周年生产单一种类蔬菜的专业农户，也有农户在承包田内轮流布局，周年生产小白菜、油麦菜、生菜等 2 ~ 3 种蔬菜。

（1）小白菜 小白菜在苏南周年生产中地位最高、品种最多、茬口布局最为丰富，其周年生产品种布局如下。

● 清明菜（4、5 月上市）：新杂 1 号、中白梗、矮白梗、矮脚黄、春月、改良精品 28。

● 梅菜（6 月中旬至 7 月中下旬上市）：新杂 1 号、中白梗、矮白梗、矮抗 1 号、绿星、绿优、宁矮 1 号、清江白菜、夏雄、夏辉。

● 火细菜（7、8 月上市）：白梗菜类型可以选新杂 1 号、中白梗、矮白梗、矮抗 1 号、热优 1 号、热优 2 号等；青梗菜类型可以选绿星、绿优、暑绿、上海青 605、清江白、夏雄、夏辉。

● 中、大排菜（8 月中旬至 11 月上市）：新杂 1 号、上海青 605、正大抗热青、热抗白、暑绿、热抗青、华王、华冠、夏帝、清江白、抗热 605、速腾 5 号快菜、绿领 236 快菜、先锋快菜、绿领、绿星、夏雄、夏辉、2–703 青梗菜、南 3–702 青梗菜。

● 越冬菜：① 二月白类型，包括矮抗青、特矮青、矮脚黄、矮抗 6 号、黄心乌、小八叶乌塌菜、寒笑、太湖青 1 号、雪里青、绿领、绿星、黄玫瑰、南 2–703 青梗菜、南 3–702 青梗菜等，9 月下旬至 10 月中旬播种，3 月 10 日前分期分批收获；② 三月白、四月白类型，包括亮白叶、黑叶四月慢、太湖青 2 号等，10 中下旬播种，翌年 3—4 月收获。

（2）大白菜、甘蓝、芹菜、莴苣等叶菜 近年来大白菜、甘蓝、芹菜、莴苣等叶菜夏秋栽培品种不断增多而实现周年生产。夏秋大白菜 5 月中下旬至 8 月中旬分期分批播种，50 ~ 60 天后分期分批收获，主要品种有青夏 1 号、青夏 3 号、夏丰、夏阳、亚蔬 1 号、夏丰 40、双冠、热抗白 45、小杂 56、太阳、正暑 1 号、正暑 2 号、早熟 5 号、夏优 3 号、新早 898、93E38、夏优 1 号、夏优 3 号等。6 月下旬收获的甘蓝品种有美貌、辉亚等，可以 2 月底大棚或者 3、4 月露地育苗。8—10 月收获的甘蓝品种有 KK、夏光、夏王、正大爱华 104、伏秋 56、早夏 16 等，可以在 4—7 月分期分批播种。津南实芹、玻璃脆、上农玉芹等抗热芹菜品种可以在 6 月上旬播种，9 月中下旬采收。山阳 1 号、八斤棒等夏莴苣品种可以在 4 月上中旬播种，苗龄 25 天，6 月底 7

月上中旬上市；二白皮、山阳1号莴苣等可以6、7月播种，8、9月提前采收上市。

3. 露地周年生产茬口比例显著减少

58个叶菜周年生产布局中仅有5个为露地周年生产布局，占比仅为8.6%。5个露地周年生产布局如下：一是南京的春季地爬黄瓜—秋季松花菜—越冬甘蓝露地栽培模式，二是南京小白菜周年栽培模式，三是苏州太仓的甜玉米、豇豆、莴苣高效栽培模式，四是镇江丹徒的水稻—秧草（黄花苜蓿）高效栽培模式，五是镇江句容的甘蓝类蔬菜—水稻轮作生产模式。

从以上5个露地周年茬口来看，冬季主要种植能够露地越冬的甘蓝、莴苣、小白菜、秧草等少量几种叶菜，总体茬口布局衔接比较宽松、受气候环境影响比较大、经济比较效益较低，已经不能成为苏南叶菜周年茬口布局的主流。另外，随着苏南地区推行化肥减量和轮作休耕等措施，与水稻进行轮作的蔬菜面积将进一步下降。

4. 蔬菜周年高效茬口布局模式多样

58个苏南叶菜周年生产茬口布局形成的叶菜周年高效模式多种多样，主要呈现以下几个显著特点：一是纯叶菜周年茬口布局少。58个叶菜周年生产布局中仅有8个为纯叶菜周年生产布局，占比仅为13.8%，其他均为叶菜与茄瓜豆蔬菜混搭。

二是春夏主要布局高效茄瓜豆，其他季节混搭布局各类叶菜。早春依托大棚、连栋温室等设施茄瓜豆茬口布局，主要填补4—5月以后苏北、山东等日光温室茄瓜豆茬口换茬导致输入苏南地区的茄瓜豆类蔬菜减少的上市空档，以实现高产高效，主要种类有大小番茄、大小黄瓜、南瓜、毛豆、四季豆等。夏天主要布局茄子、辣椒、丝瓜、豇豆等茄瓜豆品种，填补伏缺期间蔬菜供应的相对短缺。这种茬口布局以大小番茄茬口最多，58个周年茬口中布局大小番茄的有21个，占比达到36.2%，其中无锡市典型的樱桃番茄—毛白菜—二茬秋冬莴苣这种1年4熟4收茬口布局亩产值达5.1万元，经济效益最高。

三是秋冬主要布局喜冷凉高效叶菜，混搭布局其他时鲜叶菜。主要依托大棚、连栋温室等设施布局喜冷凉但不耐寒的叶菜品种，填补苏南地区1—2月寒冷季节蔬菜缺口，实现高产高效，主要品种有莴苣、生菜、芹菜、芫荽、黄花苜蓿、青花菜、菠菜、菜薹等。这种茬口布局以莴苣、生菜以及芹菜、芫荽茬口最多，58个周年茬口中布局莴苣、生菜和芹菜、芫荽的分别达到16、17个，占比分别达27.6%、29.3%。由于这些叶菜在冬季大棚等保护地条件下产量较高、品质较好，经济效益也相对较高。

5. 水旱轮作在叶菜周年生产布局中份额增多

58个叶菜周年生产布局中有13个涉及水旱轮作的茬口布局，占比达到了22.4%，其主要呈现两个显著的特点：一是宁镇地区远郊稻作区为了提高种植经济效益形成的水稻+蔬菜的茬口模式，主要是南京六合区的大棚番茄—水稻—芹菜周年高效栽培模式，镇江丹徒及扬中的水稻—秧草茬口模式，镇江句容的甘蓝类蔬菜—水稻茬口模式。二是苏南老菜地连作障碍比较严重的地区形成的水生蔬菜（水生蔬菜湿栽）+旱生叶菜茬口模式，主要是张家港、江阴等地的春番茄—夏水蕹菜—秋豆瓣菜（秋莴苣）、早春毛豆—夏秋苋菜—冬水芹、豆瓣菜（湿栽水芹）—丝瓜、番茄—青菜—豆瓣菜、水蕹菜—菜苜蓿（菊花）等互换变化的茬口。

（二）叶菜周年可持续生产发展面临的问题

苏南叶菜周年可持续发展在苏南各大小城市一二三产业协调发展、保障城市生态系统正常运转、保障城市蔬菜副食品有效供给和稳定物价等方面起着举足轻重的作用，是健康城市不可分割的一部分。对照 2017 年 10 月中央两办联合印发的《关于创新体制机制推进农业绿色发展的意见》，苏南叶菜周年可持续发展任重道远，需要考虑如何把蔬菜绿色发展摆在江苏生态文明建设全局的高度，建立以绿色生态为导向的生产技术体系，基本形成与资源环境承载力相匹配、与生产生活生态相协调的发展格局，实现农业可持续发展、农民生活更加富裕、乡村更加美丽宜居。具体需要面对和解决以下几个问题。

1. 蔬菜基地内部环境有待改善

随着苏南城市化进程的不断推进，蔬菜生产全行业的比较效益持续走低，其结果是苏南一半以上的蔬菜生产主要靠苏北、安徽、四川、浙江、江西、河南等地农民承包经营，出现和放大了蔬菜基地环境问题。一是乱搭建问题突出，生产、生活和仓储的“三合一”问题导致环境脏乱差，与生态宜居的城市发展目标背道而驰；二是蔬菜秸秆、尾菜和化肥农药包装材料等各类废弃物成为公害，较为严重地影响了蔬菜基地周边环境、周边河流水体；三是化肥农药合理使用存在问题，导致蔬菜基地附近水环境监测断面长期不能达标。鉴于以上 3 个问题，苏州、无锡等地在全省开展的农村人居环境整治过程中清退了大部分外来菜农，导致蔬菜种植面积减少。

2. 叶菜周年生产配套设施有待研究开发推广

苏南各地城市化程度较高、人口密度较大、基本农田面积较少等客观原因导致蔬菜集中区规模较小，同时也带来了叶菜周年生产配套设施跟不上现代蔬菜基地生产需求。一是稻改菜地区没有及时按照蔬菜生产要求配套改造路沟渠泵以及电力、“五库一室”等设施；二是没能根据蔬菜生产的内在要求配备肥料农药包装物、蔬菜秸秆资源化利用等设施；三是蔬菜预冷、采后处理设施有待进一步完善，以延长叶菜上市货架期，减少后续蔬菜损耗。

3. 叶菜周年生产劳动生产率有待提高

主要体现在机械替代人工环节创新突破较慢，导致部分叶菜生产长期停留在肩挑、手提、人扛，一把锄头种蔬菜的原始阶段，生产效率和比较效益低下，与苏南现代化进程格格不入。主要问题如下：一是人机设施不配套，年轻从业者较少，能够从事机械化操作的人员特别是多面手、机械操作手严重缺乏，现代生产工具不会使用，设施与生产不配套；二是蔬菜机械化精准设备较少，特别是适合苏南中小型保护地设施内的作业机械少之又少，大多数蔬菜基地作业机械停留在小马力拖拉机翻耕园地的环节，缺乏机械收获、播种以及与播种收获配套使用的耕整地一体机、灭茬机、施肥机等机械设施；三是进行高效率病虫防治的蔬菜植保机械设备应用较少。

4. 土壤健康问题日趋严重

蔬菜基地土壤健康问题突出。一是土壤 pH 值较低。无锡市惠山区 2016 年辖区蔬菜基地 500 个土样中，强酸性土壤（pH 值≤ 4.5）样品共有 41 个，占比 8.2%；酸性土壤（4.5 ＜ pH 值≤ 5.5）样品共有 169 个，占比 33.8%；弱酸性土壤（5.5 ＜ pH 值≤ 6.5）样品共有 202 个，占比 40.4%。由此可见，其弱酸性以下的土壤占比高达 82.4%，酸化趋势十分严重，主要是长期大量使用未腐熟有机肥、酸性和生理酸性化肥加重了土壤的酸化程度。二是磷过量成为蔬菜基地公害。2017 年无锡市设施蔬菜 1 080 个土样有效磷含量平均为 253.9 毫克 / 千克，其中有效磷含量在 20 ~ 40 毫克 / 千克的样本有 26 个，占总样本的 2.4%；有效磷含量大于 40 毫克 / 千克的样本有 1 033 个，占总样本的 95.6%。可见，无锡地区大部分设施蔬菜土壤中的有效磷含量处于极丰富水平以上状态，这一情况会使得蔬菜作物生长出现一系列不良反应，导致磷超标害处叠显，土壤发红发绿、连作障碍严重、死菜死苗现象频发。有案可查的 58 个叶菜周年生产布局中能够体现叶菜采取“高氮低磷中钾”合理肥料使用原则的只有 8 个，占比仅 13.8%，多数以复合肥、三元复合肥来描述施肥量，有的还直接指明 15–15–15 三元复合肥，违背了叶菜肥料需求规律。

以上这些数据说明苏南地区叶菜施肥情况不容乐观，也是导致目前苏南蔬菜基地大面积磷超标严重而产生磷危害、土壤亚健康的根本原因，同时也是导致农业面源污染的原因之一。

5. 病虫害多发问题有待解决

苏南病虫害发生情况相似，与蔬菜种类在苏南各地的分布密切相关。主要病害有霜霉病、白粉病、病毒病、炭疽病、白斑病、黑腐病、灰霉病、叶霉病，随种植品种、季节多发混发；主要虫害有小菜蛾、甜菜夜蛾、斜纹夜蛾、菜青虫、跳甲、美洲斑潜蝇、豆荚螟、棉铃虫等，原本不能在苏南越冬的烟粉虱近年来随着保护地设施面积不断增加已经成为周年危害的害虫之一，防治难度较大。2019 年开始，非检疫性害虫南亚果实蝇在苏州大面积危害瓜类蔬菜，2020 年已经迁飞无锡并造成小面积危害，原本不用杀虫剂防治的丝瓜，在南亚果实蝇危害地区也开始大量用药。无锡市 2016 年对 400 个专业农户进行了调查， 其中 40.5% 的受访农户反映农药用量比前几年多，亩平均使用地下害虫杀虫剂 0.92 千克、地上害虫杀虫剂 0.83 千克，3、4、5 种农药混合使用比例分别达到 32.82%、8.09%、1.77%；亩平均杀菌剂使用量 0.73 千克，3、4、5 种农药混合使用比例分别达到 26.40%、5.64%、1.51%，蔬菜质量安全风险和隐患持续存在。

（三）苏南叶菜可持续发展采取的措施

以江苏省农村人居环境提升 3 年行动计划为契机，以省政府绿色优质蔬菜面积产量考核工作为导向，开展蔬菜基地内外环境打造，实施净土工程、绿色防控等综合措施，确保苏南蔬菜可持续发展。

1. 改造提升蔬菜基地环境与配套设施水平

针对苏南现有蔬菜基地普遍存在的问题，积极融入农村人居环境改造提升行动中去，利用拆除一批、新建一批的大好时机提升叶菜周年生产基础设施。一要整治蔬菜基地乱搭建；二要规范蔬菜基地环境卫生行为；三要配套建设蔬菜基地有机废弃物资源化利用、有害废弃物收集处理设施；四要配套建设提高劳动效率的各类中小型农业机械进出蔬菜基地的便利通道；五要配套建设蔬菜基地“五库一室”、产后处理设施。

2. 突破蔬菜生产全程省力化瓶颈

探索突破适合苏南连栋温室、单体大棚小环境条件下的叶菜全程机械化模式，以青菜（小白菜）为突破口，在灭茬、耕整地一体化、施肥、播种、植保、灌溉、采收等主要环节开发出一整套有效、经久耐用、互相衔接的农业机械，创制出一种省工省力的青菜生产全程机械化模式，为苏南以及同类型地区提供示范，为苏南其他蔬菜机械化、省力化提供借鉴。

3. 持续实施健康土壤配套措施

一要开展土壤酸化和连作障碍综合治理，重度酸化及连作障碍田块实施“石灰调酸 + 秸秆 + 水沤 + 有益生物菌群 + 有机肥”改土技术，中度酸化及连作障碍田块实施“氰氨化钙 + 有益生物菌群 + 有机肥”改土技术，轻度酸化及连作障碍田块实施“有益生物菌群 + 有机肥”改土技术。二要大力实施平衡施肥，通过土壤检测弄清土壤营养元素基本含量，按照种植蔬菜品种的肥料需求量针对性实施磷肥减量，增施有机肥和补充土壤有益生物菌群，促进土壤恢复活力。三要合理轮作，建立科学的栽培制度。在叶菜周年生产茬口安排中合理搭配种植品种，最大限度实施水旱轮作、不同种属轮作、不同品种轮作。

4. 持续实施蔬菜病虫绿色防控集成技术

实施涵盖“农业防治、生态防治、性诱杀防治、物理防治、生物防治和科学用药”6个方面的蔬菜绿色防控集成技术，重点对靶向病虫害精准预测报、精准用药、精准防控，确保蔬菜质量安全可控。通过规模面积布控“三大虫”（小菜蛾、斜纹夜蛾、甜菜夜蛾）性诱剂和性诱设备，在有效压降害虫基数的基础上合理搭配生物农药和化学农药，对危害叶菜的跳甲、蚜虫、蓟马、菜青虫以及零星“三大虫”等多种害虫实施安全间隔期定期用药、一体化防治，做到农药残留可控、蔬菜质量安全放心。对于大型设施内粉虱、蚜虫、红蜘蛛等小型虫害，叶霉病、灰霉病等病害，通过智能型臭氧发生器实施一体化防治，做到无农药生产。

附录

附录一　出口速冻蔬菜检验规程第4部分：叶菜类（SN/T 0626.4—2015）

1. 范围

SN/T 0626的本部分规定了出口速冻叶菜类蔬菜的检验方法。

本部分适用于出口速冻白菜类、绿叶菜类、葱韭类、芽菜类等叶菜类蔬菜的抽样方法和包装、质量、品质、规格、安全卫生项目的检验和结果判定。

2. 规范性引用文件

下列文件对于本文件的应用是必不可少的，凡是注日期的引用文件，仅注日期的版本适用于本文件。凡是不注日期的引用文件，其最新版本（包括所有的修改单）适用于本文件。

GB 4789.1 食品安全国家标准 食品微生物学检验 总则

GB 4789.2 食品安全国家标准 食品微生物学检验 菌落总数测定

GB 4789.3 食品安全国家标准 食品微生物学检验 大肠菌群计数

GB 4789.4 食品安全国家标准 食品微生物学检验 沙门氏菌检验

GB 4789.10 食品安全国家标准 食品微生物学检验 金黄色葡萄球菌检验

GB 4789.38 食品安全国家标准 食品微生物学检验 大肠埃希氏菌计数

GB 7718 食品安全国家标准 预包装食品标签通则

GB 13432 食品安全国家标准 预包装特殊膳食用食品标签通则

SN/T 0188 进出口商品衡器鉴重规程 衡器鉴重

SN/T 0330 出口食品微生物学检验通则

SN/T 0626 进出口速冻蔬菜检验规程

进出口商品复验办法

3. 术语和定义

下列术语和定义适用于本文件。

3.1 外观 appearance

速冻叶菜类蔬菜的色泽、形状和洁净度。

3.1.1 色泽 colour

速冻叶菜类蔬菜本品的正常颜色和光泽。单冻产品色泽符合本产品的应有色泽，无粘连；快冻产品解冻前色泽鲜亮，镀冰衣完整，无浑浊黄色冰衣，无晦暗，解冻后单棵产品色泽正常，无枯叶烂叶。

3.1.2 块型 shape

成品速冻前后的外观平面形状、厚度、棱角、长宽高的比例及匀整程度。成品的外观平面形状规则、平滑、厚度均一，棱角分明，长宽高比例符合规格要求，视为块型完整；成品外观形状不规则，表面不平滑，厚薄不一，视为块型不良。

3.1.3 洁净度 cleanliness

速冻叶菜类蔬菜表面沾有其他物质影响外观的程度。

3.1.4 镀冰产品 ice-plating product

冻结后加水镀冰的产品。

3.2 气味 odour

叶菜类蔬菜品种经速冻后本品的正常气味。

3.3 缺陷菜 disfigurement vegetable

色泽、形状明显异于正常的叶菜类蔬菜。

3.3.1 黑根 black root

正常叶菜的粉色、白色或淡绿色根部由于原料储存或加工过程中根部氧化造成的成品根部呈现暗褐色或浅黑色。

3.3.2 揉烂叶 knead leafage

由于加热时间过长，造成叶片失水、萎缩、色泽变暗失去弹性，致使加工时叶片破碎外形揉烂的产品。

3.4 杂质 foreign matter

本品中失去食用价值的物质或混入本品中非本品物质。

3.5 原始样品 original sample

从一批产品的单个包装容器内所取出的样品。

3.6 检验样品 inspection sample

按各个检验项目的规定，均匀混合原始样品后分取供直接检验的样品。

3.7 检验批 inspection lot

以同一原辅料来源、同规格、同一生产条件下生产的一定数量的产品形成的检验单位，最大做批数为一个集装箱。

4. 抽样

4.1 抽样要求

入库后的产品，应标识清晰、成批堆垛后，才能进行抽样检验。抽样时以检验批为一检验单位，每次抽取样品的方式和数量要始终一致。

4.2 抽样条件

4.2.1 抽样用器具

抽样用经消毒处理的洁净的不锈钢剪刀、不锈钢取样（铲）勺、乳胶手套、无菌塑料袋、保温盛样箱等。

4.2.2 抽样场所

入库后的产品按批次依次堆垛，标识清楚，温度符合要求，便于取样。

4.3 抽样比例

全批件数在 1 ～ 5 件，逐件抽样；全批件数在 6 ～ 100 件，随机抽 5 件；全批件数在 100 件以上，按式（1）计算。必要时可视具体情况酌情调整抽样比例。

$$S=\frac{\sqrt{N}}{2} \qquad \cdots\cdots(1)$$

式中：

S—— 抽样件数（取整数，小数部分向上修约取整数）；

N—— 全批总件数

4.4 抽样方法

按照报检申请单，核对所列批次、品名、规格、数量、质量、唛头等与实际货物是否相符，若符合，在堆垛各部位中按检验批随机抽取，确保样品具有代表性；进口国有取样特殊要求的，按进口国要求办理。在抽样过程中，注意产品的色泽、气味、杂质和包装等情况，如有异常，应酌情增加抽样比例和数量，必要时可停止抽样。

微生物检验按照进口国要求进行抽样，如无明确标准，则按照 SN 0330 或 GB 4789.1 进行。

4.5 样品制备和保存

4.5.1 样品制备

预包装产品每箱抽取一袋最小包装，大包装或散装产品每箱抽样不少于100克，迅速装入无菌塑料袋内，待抽样完毕后，将袋扎紧（防止受潮），放置于保温箱内，及时携带至实验室进行检验。每批原始样品不少于1 000克。

注：在抽样过程中，一件抽完样品封闭后，再开箱抽取另一件。

4.5.2 样品标签

抽好的样品应在样品袋上贴上样品标签，标明样品品名、编号、数量、质量、来源、抽样基数、抽样人姓名和抽样日期等。

4.5.3 样品保存

样品在 –18 ℃以下保存，保存期满足合同信用证的索赔期限要求，无特别要求的保存期为6个月。

5. 检验

5.1 检验场所和工具

5.1.1 检验场所

自然光线充足、温度适宜、通风良好、无异味、清洁卫生。

5.1.2 检验工具

5.1.2.1 衡器：应经国家计量部门鉴定合格，并在规定的有效期内，衡器最大称量应低于样品质量的5倍，特殊情况下可以适当放宽，但不得高于被称样品质量的10倍。

5.1.2.2 检验操作台：应平整光滑，易清洗消毒，清洁卫生无异味。

5.1.2.3 白瓷盘：应清洁卫生，无异味，大小能均匀铺开样品为宜。

5.1.2.4 铲、小刀、剪刀、镊子：易清洗消毒，耐腐蚀。

5.1.2.5 尺：不锈钢尺或卡尺，应符合国家计量部门有关规定。

5.1.2.6 温度计：量程为 ±50 ℃，分度为 0.5 ℃，应符合国家计量部门有关规定。

5.1.2.7 天平：感量 0.01 克。

5.1.2.8 微波炉：1 000 瓦。

5.1.2.9 煮锅：2 升。

5.2 包装和标识检验

5.2.1 外包装检验

外包装应使用符合食品卫生要求的瓦楞纸箱或其他材料包装。包装箱及间隔材料均应坚固、完整、清洁、卫生、无霉变，适合长途运输的要求。

5.2.2 内包装检验

与产品直接接触的内包装和材料应符合进口国地区及我国有关规定要求。开箱后，应对照报检单中随附的内包装的包装性能检验结果单检查并核销全批货物的内包装，内包装塑料袋或其他材料包装应封口良好、紧密牢固，材料不易脱落破碎以致污染产品等。

5.2.3 标识检验

内外包装应按合同、信用证和有关规定加注品名（批号、唛头、规格、生产日期等）内容，加注的内容准确、清晰，与产品实际相符合。外包装箱所有字迹、标识均应准确、醒目、整洁、持久，标注方法符合规定要求。预包装产品应具有标签，符合进口国或地区的食品标签管理规定或 GB 7718、GB 13432 的要求。

5.3 温度检验

5.3.1 产品表面温度

对于纸箱包装的产品，用尖刀割开箱子的一边，将预冷后的温度计插到箱内第一层和第二层产品之间，使其与敏感元件有良好的接触，待温度稳定后记录。

5.3.2 产品内部温度

纸箱包装的散装产品，可以直接将预冷后的温度计插到纸箱中待测试样品的中心位置，待温度稳定后记录此时的温度值。冻结成块、厚度超过 2 厘米的产品则应开洞至待试样品的几何中心位置，然后将预冷后的温度计插入，待温度稳定后记录。

5.4 质量检验

5.4.1 无冰衣产品

按照 SN/T 0188 的规定执行。

5.4.2 镀冰衣产品

解冻后沥水至滴水不成线，再按 5.4.1 进行。

5.5 感官检验

5.5.1 无冰衣产

5.5.1.1 冻结质量检验

将袋装待检验样品（大包装取 500 余克）倒入白色搪瓷盘中，检验产品是否单体散冻，有无结霜、群体粘连、结块和风干现象，将发现问题以质量百分比做好记录。

5.5.1.2 色泽检验

相同检验条件下，观察产品是否呈其品种应有色，如鲜绿色，深绿色，白色等；观察色泽是否一致，有无斑点、褐变及其他不正常色泽，将发现问题以质量百分比做好记录。

5.5.1.3 形态质地检验

相同检验条件下，检验产品形态是否完整，大小是否均匀，质地是否良好，有无黑根、散珠、褐斑、病虫伤、机械伤。

5.5.1.4 杂质检验

相同检验条件下，检验产品有无有害杂质，并挑拣出一般性杂质，然后在感量0.01克的天平上称量，按式（2）计算杂质含量。

$$G=\frac{m_1}{m_2}\times 100 \quad \cdots\cdots（2）$$

式中：

G—— 一般杂质含量，%；

m_1—— 一般杂质质量，单位为克（g）；

m_2—— 样品质量，单位为克（g）。

5.5.1.5 风味检验

相同检验条件下，检验样品气味是否正常，漂烫（杀青）是否适宜，待样品微波解冻或自然解冻后称约200克，放入盛有沸水的煮锅中（锅内沸水应足以淹没样品），盖严后迅速加热3分钟，停止加热，开盖后检验是否有异味。

5.5.1.6 规格检验

相同检验条件下，检验本批产品是否符合合同所要求的规格质量标准，如长度、直径、单株重、块数、小包装质量等，并做好相应记录。

5.5.2 镀冰衣产品

5.5.2.1 将袋装待检验样品（大包装取约1千克）倒入白色搪瓷盘中，检验样品的镀冰衣是否良好，将块型不良产品做好记录。

5.5.2.2 将镀冰衣产品解冻后，按照5.5.1中无冰衣产品检验条款逐一进行检验。

5.6 微生物检验

5.6.1 细菌总数检测

按照GB 4789.2进行检测。

5.6.2 大肠菌群检测

按照 GB 4789.3 进行检测。

5.6.3 大肠埃希氏菌检测

按照 GB 4789.38 进行检测。

5.6.4 沙门氏菌检测

按照 GB 4789.4 进行检测。

5.6.5 金黄色葡萄球菌检测

按照 GB 4789.10 进行检测。

5.7 农药残留和重金属检测

根据我国及进口国家/地区的食品安全卫生要求，根据合同、信用证或进口国规定的有关方法检测，无指定方法时按照我国国家标准或检验检疫行业标准进行检测。

5.8 辐照检测

根据我国及进口国家/地区的食品安全卫生要求，根据合同、信用证或进口国规定的有关方法检测；无指定方法时按照我国国家标准或检验检疫行业标准进行检测。

5.9 过氧化物酶检测

按照 SN/T 0626 中 5.8 规定检验。

6. 检验结果判定

按照本标准检验后形成的检验结果，依据进口国家/地区的有关法律法规规定、贸易合同和信用证以及有关标准规定的要求进行综合评定。符合规定要求的判为合格批，否则为不合格批。

7. 不合格品处置

7.1 经检验不合格但依法可以进行技术处理的，应当在检验检疫机构的监督下进行返工整理，经重新检验合格后方准出口；经重新检验判定为不合格批的产品，由检验检疫机构出具不合格证明，出口产品不准出口。重新检验仅限一次。

7.2 因安全卫生项目判定为不合格的产品，不得重新检验。

8. 复验

货主或其代理人对出入境检验检疫机构作出的检验结果有异议的，可以按《进出口商品复验办法》的规定申请复验。各级出入境检验检疫机构按照《进出口商品复验办法》实施复验。

9. 检验有效期

检验合格后有效期为 60 天。

附录二　进出口脱水蔬菜检验规程（SN / T 0230.1—2016）

1. 范围

SN / T 0230 的本部分规定了进出口脱水蔬菜的抽样和检验、检验结果判定、不合格处置、样品保存。

本标准适用于进出口脱水蔬菜的检验。

2. 规范性引用文件

下列文件对于本文件的应用是必不可少的。凡是注日期的引用文件，仅注日期的版本适用于本文件。凡是不注日期的引用文件，其最新版本（包括所有的修改单）适用于本文件。

GB 4789.2 食品安全国家标准　食品微生物学检验　菌落总数测定

GB 4789.3 食品安全国家标准　食品微生物学检验　大肠菌群计数

GB 4789.4 食品安全国家标准　食品微生物学检验　沙门氏菌检验

GB 4789.10 食品安全国家标准　食品微生物学检验　金黄色葡

萄球菌检验

GB 4789.15 食品安全国家标准 食品微生物学检验 霉菌和酵母计数

GB 4789.38 食品卫生微生物学检验 食品微生物学检验 大肠埃希氏菌计数

GB 5009.3-2010 食品安全国家标准 食品中水分的测定

GB 5009.4 食品安全国家标准 食品中灰分的测定

GB 5009.11 食品安全国家标准 食品中总砷及无机砷的测定

GB 5009.12 食品安全国家标准 食品中铅的测定

GB 5009.15 食品安全国家标准 食品中镉的测定

GB/T 5009.28 食品中糖精钠的测定

GB/T 5009.29 食品中山梨酸、苯甲酸的测定

GB/T 5009.34 食品中亚硫酸盐的测定

GB 7718 食品安全国家标准 预包装食品标签通则

GB/T 8170 数值修约规则与极限数值的表示和判定

GB 12488 食品添加剂 环己基氨基磺酸钠（甜蜜素）

GB 13432 食品安全国家标准 预包装特殊膳食用食品标签

SN/T 0188.2 进出口商品衡器鉴重规程 第 2 部分：衡器鉴重通则

SN/T 0330 出口食品微生物学检验通则

进出口商品复验办法（国家质量监督检验检疫总局令 2005 年第 77 号）

ISO 763 水果和蔬菜制品 盐酸不溶性灰分的测定

8.2 辐照确认试验 PSL 试验法和 TL 试验法 韩国《食品公典》（2011 年版）

应用热释光法检测可分离出硅酸盐的辐照食品 欧洲标准

（EN）1788:2001

利用光刺激发光法检测辐照食品 欧洲标准（EN）13751:2002

辐照食品检测方法（TL）试验法 日本食安发第0529004号

3. 术语和定义

下列术语和定义适用于本文件。

3.1 脱水蔬菜 dried vegetables

用各类新鲜蔬菜为主要原料、配以辅料或其他农产品等原料经热风干燥、低温真空冷冻干燥或其他干燥方式加工而成的食品。

3.2 色泽 color

蔬菜固有的颜色和光泽及经脱水加工后形成的正常的颜色和光泽。

3.3 气味和味道 smell and taste

脱水蔬菜固有的气味和正常的滋味。

3.4 一般杂质 normal impurity

混入本品中的不属于3.4.2项的非本品物质，如各种植物碎片。

3.5 有害杂质 harmful impurity

各种有毒、有害、有碍食品卫生安全的物质，如玻璃碎片、矿物质、动物毛发、昆虫尸体等。

4. 抽样

4.1 抽样用具

乳胶手套、不锈钢手铲；不锈钢剪刀；无毒塑料袋（样品袋要求清洁、干燥、无异味）；不干胶标签；天平。

4.2 检验批

4.2.1 进口脱水蔬菜检验批

指来自同一国家或地区、同一运输工具装载、同一收货人、同一品种、同时进口的货物。

4.2.2 出口脱水蔬菜检验批

指在一致条件下生产并提交检验，以同一报检单开列的同一品种、等级规格、包装箱型、标记唛头、出口国别、运输工具作一取样检验单位（批），作为检验批。

4.3 现场检查

4.3.1 对待检货物的有关单证、产地、包装、标记与号码、品种、数量进行核实。

4.3.2 随机抽查，根据随机原则，按照规定的方法对货物进行随机抽查。

4.3.3 根据国家质量监督检验检疫总局发布的预警或警示通报，确定为风险较高的脱水蔬菜产品，可以加大检查比例和检查数量。

4.4 抽样检查数量

5 件以下全部抽样检查；

6 ~ 200 件按 5% ~ 10% 抽样（最低不少于 5 件）；

200 件以上按 2% ~ 5% 抽样（最低不少于 10 件）。

4.5 抽样方法

4.5.1 堆垛抽样

按检验批在堆垛各部位按规定随机抽取规定数量的样件。逐一开件（箱），用不锈钢手铲或乳胶手套在件（箱）内随机抽取样品，对于预包装产品，每件小于 500 克的，每箱取样数量不少于 1 千克；每件大于 500 克的，每箱取两件，在抽样过程中，应注意观察产品的色泽、气味、形态、杂质等。在开件的取样中如发现品质低劣、不匀等异常情况，可分别扦取小样，单独检验。

4.5.2 水分检验

针对预包装食品，直接抽取原包装，任取5件。

针对大包装脱水蔬菜食品，应分别在每件的上、中、下部位快速抽取不少于100克样品，抽样过程中注意保持干燥，取样完毕后立即封好样品袋，防止样品受潮。

4.5.3 微生物检验

如需进行微生物检验，则先抽取微生物检验用样品，针对不同包装的进出口脱水蔬菜，抽样方法和抽样数量按照SN/T 0330的具体规定执行。

4.5.4 理化样品制备

抽样完毕后，立即将样品全部倒在洁净的混样塑料布上，经充分混合，用四分法进行缩分，分取平均样品，样品数量应不少于2千克。

4.6 样品的标识

抽取的样品在样品袋上标明报验号、品名、数量、重量、抽样人姓名和抽样日期。

4.7 样品保存

按附录A抽取的存查样品应存放在阴凉干燥、无直射光线处，样品数量应不少于2千克，保存期为6个月或至索赔期满为止。

5. 检验

5.1 感官品质检验

5.1.1 检验场所条件

检验室内应清洁干燥、保持明亮，避免直射阳光，无异味。

5.1.2 气味检验

打开样品容器或包装，立即嗅辨气味是否正常。

5.1.3 外观、色泽检验

在明亮无眩目光条件下，将样品平摊在白色搪瓷盘内，全面观察本品外观、色泽、片形是否正常及匀整度。

5.1.4 杂质检验

将缩分后的样品在感量 0.1 克天平上称量后，置于白色搪瓷盘中，检出混入的一般杂质和有害杂质，作详细记录，分别在感量 0.01 克天平上称量，按式（1）、式（2）计算百分率。

$$X=\frac{m_{\mathrm{a}}}{m_{\mathrm{c}}}\times 100\% \qquad \cdots\cdots（1）$$

$$Y=\frac{m_{\mathrm{b}}}{m_{\mathrm{c}}}\times 100\% \qquad \cdots\cdots（2）$$

式中：

X—— 一般杂质，以 % 表示；

Y—— 有害杂质，以 % 表示；

m_{a}—— 试样内一般杂质质量，单位为克（g）；

m_{b}—— 试样内有害杂质质量，单位为克（g）；

m_{c}—— 试样质量，单位为克（g）。

5.2 重量鉴定

按 SN/T 0188.2 执行。

5.3 理化检验

5.3.1 水分的测定

按 GB 5009.3—2010 中的第一法执行。

5.3.2 灰分测定

5.3.2.1 总灰分测定

按 GB 5009.4 规定执行。

5.3.2.2 酸不溶灰分测定

按 ISO 763 规定执行。

5.3.3 复水性

称取 5 ~ 10 克产品，置于 250 毫升、95 ℃以上热水中浸泡 3 ~ 5 分钟。

5.3.4 食品添加剂的测定

5.3.4.1 二氧化硫含量测定

按 GB/T 5009.34 执行。

5.3.4.2 糖精钠

按 GB/T 5009.28 执行。

5.3.4.3 甜蜜素的测定

按 GB 12488 执行。

5.3.4.4 山梨酸、苯甲酸的测定

按 GB/T 5009.29 执行。

5.4 安全卫生项目检验

5.4.1 重金属的测定

5.4.1.1 砷

按 GB/T 5009.11 执行。

5.4.1.2 铅

按 GB/T 5009.12 执行。

5.4.1.3 镉

按 GB/T 5009.15 执行。

5.4.2 农残检测

根据进口国家 / 地区的食品安全卫生要求，同时根据合同、信用证或进口国规定的有关方法检测。

5.5 微生物的检验

5.5.1 菌落总数的检验

按 GB 4789.2 执行。

5.5.2 大肠菌群的检验

按 GB 4789.3 执行。

5.5.3 大肠埃希氏菌的检验

按 GB/T 4789.38 执行。

5.5.4 沙门氏菌的检验

按 GB 4789.4 执行。

5.5.5 金黄色葡萄球菌的检验

按 GB 4789.10 执行。

5.5.6 霉菌和酵母菌的检验

按 GB 4789.15 执行。

5.6 辐照的检测

出口日本的产品按照《辐照食品检测方法（TL）试验法》执行。

出口欧盟的产品按照《应用热释光法检测可分离出硅酸盐的辐照食品》《利用光刺激发光法检测辐照食品》执行。

出口韩国的产品按照韩国《食品公典》（2011 年版）8.2 辐照确认试验执行。

5.7 包装标志检验

5.7.1 外包装检验

检验包装使用性能，即检查外包装是否坚固、完整，是否清洁卫生，有无污染、破损、潮湿、发霉现象，封口是否牢固，适用于长途运输。

5.7.2 内包装检验

检验内包装塑料袋有无破损、污染。

5.7.3 标志检验

检验包装上品名、唛头、重量等标志是否准确，并与内容物相符。

5.7.4 标签检验

进口的预包装食品应当有中文标签、中文说明书。标签、说明书应当符合本法以及我国其他有关法律、行政法规的规定和食品安全国家标准的要求，载明食品的原产地以及境内代理商的名称、地址、联系方式。对于预包装食品，按照 GB 7718、GB 13432 的规定执行。

5.8 检验结果有效数值的修约

按 GB/T 8170 执行。

6. 检验结果判定

6.1 进口脱水蔬菜的检验结果判定

按本部分检验结束后，作出检验结果报告单，按我国安全标准或相关规定判定。

预包装食品没有中文标签、中文说明书或者标签、说明书不符合本条规定的，不得进口。

6.2 出口脱水蔬菜的检验结果判定

进口国有要求的，按照输往国家的要求、合同、信用证规定的具体条款进行判定。

7. 不合格处置

7.1 进口脱水蔬菜的不合格处置

进口脱水蔬菜经检验不合格的按照我国相关规定采取加工处理、改变用途、退货、销毁等处理方式。

7.2 出口脱水蔬菜的不合格处置

被判定为不合格的产品，不涉及安全卫生的可以根据情况抽样检验一次，复验合格后允许出口；对涉及安全卫生的不得重新抽样检验，不允许出口。

8. 复验

货主或其代理人对出入境检验检疫机构作出的检验结果有异议的，可以按《进出口商品复验办法》规定申请复验。各级出入境检验检疫机构按照《进出口商品复验办法》实施复验。

9. 检验有效期

脱水蔬菜的检验有效期为2个月。

附录三　进出境新鲜蔬菜检疫规程（SN/T 1104—2002）

1. 范围

本标准规定了进出境新鲜蔬菜的检疫方法及检疫结果的判定。

本标准适用于进出境新鲜蔬菜的检疫，包括叶菜类、茎菜类、花菜类、茄果类、瓜菜类、豆菜类、根菜类和新鲜食用菌类等。

2. 引用标准

下列标准所包含的条文，通过在本标准中引用而构成为本标准的条文。本标准出版时，所示版本均为有效。所有标准都会被修订，使用本标准的各方应探讨使用下列标准最新版本的可能性。

GB/T 8854—1988 蔬菜名称（一）

3. 定义

本标准采用下列定义。

3.1 蔬菜

可作副食品的草本植物的总称，也包括少数可作副食品的木本植物和真菌类。

3.2 新鲜蔬菜

系选用新鲜、洁净，经过一定加工或保鲜处理的蔬菜。

3.3 食用菌类

可供人类食用的真菌，如香菇、蘑菇、木耳等。

3.4 虫害蔬菜

受害虫危害的蔬菜。

3.5 病害蔬菜

受植物病原物侵害的蔬菜。

3.6 有害生物

指任何有害的植物、动物或病原物的种、株（品）系或生物型。

3.7 检疫性有害生物

指对受其威胁的地区具有潜在经济重要性、但尚未在该地区发生，或虽已发生但分布不广并进行官方防治的有害生物。

3.8 违禁物

除有害生物以外，检疫条款或合同中规定不准带有的物质，如稻草、稻谷、谷壳、土壤等。

3.9 检疫批

以同一品种、同一运输工具、来自或运往同一地点、同一发货人或收货人、同时出或入境的为一个检疫批。

3.10 检疫有效期

指从检疫完毕之日至货物离境日止。

4. 器具与试剂

4.1 器具

显微镜、解剖镜、温度计、台秤、放大镜、镊子、毛笔、试管、不锈钢刀、剪刀、手套、白瓷盘、聚乙烯塑料袋、漏斗、培养皿、螨类分离器、玻片、离心机等。

4.2 试剂

甘油、盐水、酒精等。

5. 抽样

5.1 抽样方法

以一检疫批为单位进行抽样。按棋盘式或对角线随机抽检、取样。

5.2 取样比例

5 件以下全部抽检，取代表样品 1 ~ 2 份；6 件以上 200 件以下按 5% ~ 10% 抽检（最低不少于 5 件），取代表样品 1 ~ 2 份；201 件以上按 2% ~ 5% 抽检（最低不少于 10 件），取代表样品 2 ~ 4 份，每份样品一般为 1 000 ~ 2 000 克。

5.3 样品标识与保存

5.3.1 样品标识

取代表样品立即装入塑料袋内，保证样品不受外界污染，标明报检号、品名、数量、企业批号（出境）或生产国及取样地点（入境）、取样人和取样日期。

5.3.2 样品保存

样品应在 0 ~ 4 ℃的温度下保存，保存期一般为 14 天。

6. 现场检疫

6.1 核对报检单所列规格、件数、重量、唛头、企业批号（出境）与实际货物是否相符合。

6.2 检疫场所条件

检疫场所应光线充足、通风良好、清洁卫生。

6.3 存放场所检疫

存放场所应干净卫生，检查是否有害虫感染。

6.4 包装检疫

检查货物外包装及所抽样品的内包装是否受害虫感染或夹带违禁物。

6.5 产品检疫

按 5.2 规定的比例进行抽检。

6.5.1 害虫检疫

将所取样品放于白瓷盘内，仔细观察表面有无虫道、虫孔和害虫，并用抖、击、剖、剥等方法进行检验；或将样品置于盆、盘等容器内用 1% 淡盐水做漂浮检验，并收集虫体。把收集到的虫体装入试管内带回实验室做进一步检验鉴定。

6.5.2 病害检疫

针对各种新鲜蔬菜病害特点，肉眼或借助放大镜仔细观察产品的各个症状，挑选典型病症的个体带回室内做进一步检验。

6.5.3 杂草检疫

仔细检查样品，看是否携带杂草。把收集到的杂草带回实验室进一步检验。

6.5.4 其他项目检疫

检查产品是否带土壤或其他违禁物。

6.6 贮存场所温度监测

对保存温度有要求的，应监测贮存场所中心和四周是否达到所需温度。

6.7 运输工具检疫

对散装或集装箱（包括货柜车）运输的出境产品，装货前进行运输工具检疫，检查箱体（货柜）是否破损、受有害生物感染或夹带违禁物。

7. 室内检验

7.1 样品检验

对现场检疫取回的样品做进一步检验，检查是否有病、虫、杂草等。

7.2 检疫鉴定

7.2.1 害虫检验

将现场或室内检查中发现的害虫进行鉴定，必要时进行害虫饲养等。

用螨类分离器分离螨类；亦可将适量样品平铺在白瓷盘上，盘四周预先薄涂甘油，使盘面温度保持在 45 ℃左右，经 20 分钟后，检查盘四周螨类。对分离到的螨类计数并鉴定。

7.2.2 杂草检验

将现场或室内检查中发现的杂草籽进行分类鉴定。

7.2.3 病害检验

7.2.3.1 直接镜检

病组织制片置于显微镜下直接镜检。

7.2.3.2 分离培养

可疑病变组织表面消毒后，置于保湿的吸水纸上或置于培养基中恒温培养，对病原菌进行鉴定。

7.2.4 线虫分离鉴定

7.2.4.1 浅盘分离法

将受检材料研碎，平铺于浅盘内的筛网（双层纱布也可）上，置于盛水的底盘中，水的高度以浸没样品为宜，24 小时后取出底盘底部线虫镜检。

7.2.4.2 漏斗分离法

将研碎样品放入漏斗内滤纸或纱网上，加水浸泡若干小时，取下部浸渍液离心浓缩后镜检。

7.3 统计记录

检验完毕后做好记录，并对应检病、虫、杂草计算每千克含量或被害率。

8. 评定

8.1 评定依据

8.1.1 进境国家或地区的植物检疫要求。

8.1.2 政府间双边植物检疫协定、协议和我国参加的地区性和国际性植保植检公约的规定。

8.1.3 贸易合同和信用证等关于植物检疫条款。

8.1.4 我国的进出境植物检疫规定。

根据上述评定依据并结合存放场所、产品包装、温度监测结果、集装箱箱体（货柜）的卫生条件，进行综合评定。

8.2 合格与不合格的评定

检疫结果符合 8.1 评定依据规定的，评定为合格。否则，评定为不合格。

8.3 不合格的处置

8.3.1 出境的应根据检疫要求做除害、重新加工、整理等处理后，进行复检，复检合格的准予出境。

8.3.2 进境的进行除害处理，无有效处理方法的，做退货或销毁处理。

9. 检疫有效期

出境新鲜蔬菜检疫有效期一般为 14 天。

参考文献

[1] 张国宝，郭新声. 秋淡季蔬菜生产实用技术[M]. 北京:中国林业出版社，2001.
[2] 吴志行. 蔬菜生产手册[M]. 北京:金盾出版社，1997.
[3] 范双喜. 现代蔬菜生产技术全书[M]. 北京:中国农业出版社，2003.
[4] 王久兴，贺桂欣. 特菜栽培手册[M]. 北京:中国农业大学出版社，2000.
[5] 周绪元，王献杰，张金树，等[M]. 无公害蔬菜栽培及商品化处理技术. 济南:山东科学技术出版社，2002.
[6] 赵冰. 蔬菜品质学概论[M]. 北京:化学工业出版社，2003.
[7] 刘宜生. 中国大白菜[M]. 北京:中国农业出版社，1998.
[8] 李曙轩. 蔬菜栽培学[M]. 北京:农业出版社，1989.
[9] 蒋先明. 蔬菜栽培学总论[M]. 北京:中国农业出版社，2000.
[10] 陈杏禹. 无公害蔬菜生产技术[M]. 北京:中国计量出版社，2002.
[11] 刘步洲. 蔬菜栽培学. 保护地栽培（第二版）[M]. 北京:农业出版社，1989.
[12] 侯喜林，吴志行. 无公害蔬菜生产病虫草害综合防治技术[J]. 中国蔬菜，2004，（1）:58-62.
[13] 周山涛. 果蔬贮运学[M]. 北京:化学工业出版社，1998.
[14] 朱维军. 果蔬贮藏保鲜与加工[M]. 北京:高等教育出版社，1999.

[15] 高丽朴. 蔬菜采后预冷与保鲜[J]. 中国蔬菜，2001，（10）:53-54.

[16] 苏学军. 春结球白菜的几种栽培方式和配套技术[J]. 长江蔬菜，2003，（5）:13.

[17] 徐家炳，简元才，张凤兰. 白菜甘蓝花菜芥菜类特菜栽培[M]. 北京:中国农业出版社，2002.

[18] 司力珊. 白菜类甘蓝类蔬菜无公害生产技术[M]. 北京:中国农业出版社，2003.

[19] 中国农业科学院蔬菜花卉所. 甘蓝类白菜类及其他菜类新优品种图册[M]. 郑州:中原农民出版社，2004.

[20] 侯喜林，李英，张昌伟，等. 黄玫瑰白菜栽培技术要点和商品质量标准[J]. 长江蔬菜，2020，（22）:2.

[21] 张俊，侯喜林，黄春燕，等. 世界长寿之乡如皋黑塌菜提纯复壮与产业化开发[J]. 长江蔬菜，2019，（14）:3.

[22] 沈生元，侯喜林，董斌，等. 吴江香青菜绿色生产技术[J]. 长江蔬菜，2018，（22）:3.

[23] 侯喜林，余汉清，张昌伟. 苏南叶菜周年茬口和生产面临的问题及可持续发展建议[J]. 长江蔬菜，2020，（24）:5.

[24] 钱燕婷，张昌伟，沈生元，等. 有机肥和复合肥配比施用对香青菜产量和品质的影响[J]. 长江蔬菜，2021，（2）:25-27.

[25] SN/T 0626.4—2015. 出口速冻蔬菜检验规程（叶菜类）[S]. 国家质量监督检验检疫总局，2015.

[26] SN/T 0230.1—2016. 进出口脱水蔬菜检验规程[S]. 国家质量监督检验检疫总局，2016.

[27] SN/T 1104—2002. 进出境新鲜蔬菜检疫规程[S]. 中华人民共和国出入境检验检疫局，2002.